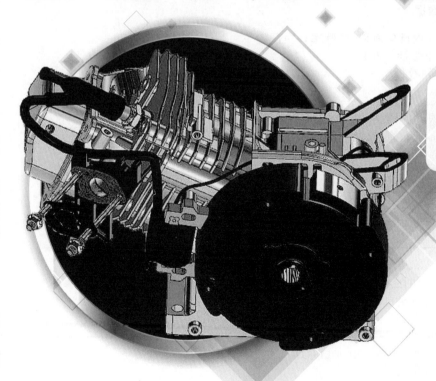

高职高专"十三五"规划教材

CAXA制造工程师 2015项目化教程

杨胜军　白图娅　主编　王金莲　曹磊　副主编　杨　霞　主审

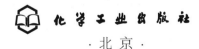

化学工业出版社

·北京·

本书从项目教学的思路出发，对 CAXA 制造工程师 2015 进行了全面详细讲解，包括 CAXA 制造工程师 2015 的初识、平面线架绘图与编辑、空间线架与曲面造型、特征实体造型与变换、轮廓铣削加工。书中内容深入浅出，循序渐进，从入门到精通，特别适合课堂教学和自学。项目任务之后，又附带任务训练，便于实践技能的提高。

为便于教学，本书配套电子课件。

本书适合作为高职高专院校、中等职业学校相关专业学生的教材，也可以作为技能培训用书，还可以作为一般机械工程技术员的自学参考用书。

图书在版编目（CIP）数据

CAXA 制造工程师 2015 项目化教程/杨胜军，白图娅主编. —北京：化学工业出版社，2019.9
高职高专"十三五"规划教材
ISBN 978-7-122-34755-8

Ⅰ.①C… Ⅱ.①杨… ②白… Ⅲ.①数控机床-计算机辅助设计-应用软件-高等职业教育-教材 Ⅳ.①TG659

中国版本图书馆 CIP 数据核字（2019）第 124655 号

责任编辑：韩庆利 马 波

责任校对：刘 颖 装帧设计：张 辉

出版发行：化学工业出版社（北京市东城区青年湖南街 13 号 邮政编码 100011）
印 刷：北京京华铭诚工贸有限公司
装 订：三河市振勇印装有限公司
787mm×1092mm 1/16 印张 10 字数 246 千字 2019 年 9 月北京第 1 版第 1 次印刷

购书咨询：010-64518888 售后服务：010-64518899
网 址：http://www.cip.com.cn
凡购买本书，如有缺损质量问题，本社销售中心负责调换。

定 价：29.00 元 版权所有 违者必究

CAXA 制造工程师是北航海尔软件有限公司研制开发的三维 CAD/CAM 软件，在国内拥有较高的市场占有率，且许多高校及工厂都在使用。本书针对国内高校开设的 CAXA 制造工程师课程而编写，旨在为广大师生学习 CAXA 制造工程师软件提供一定的帮助。

本书编者都是一线教育工作者，从事 CAM 教育多年，尤其熟悉 CAXA 软件的教学。如何能让学生更快更好地熟悉和掌握 CAXA 制造工程师软件的功能与操作，是编写本书的初衷。

本书以项目化教学为思路，从平面绘图、三维建模造型到数控自动编程、仿真加工逐步详细讲解，不仅注重基本技能讲解，更强调实践中的综合应用。全书包括 CAXA 制造工程师基础知识、平面绘图、线架造型、曲面造型、实体造型、铣削加工（数控自动编程）几方面的内容。

本书由内蒙古化工职业学院 CAD/CAM 教研组编写。白图娅编写绪论、项目一；杨胜军编写项目二部分内容、项目三，并完成全书任务训练题、项目实战题的遴选；王金莲编写项目四；曹磊编写项目五；内蒙古大学交通职业技术学院苟建军编写项目二部分内容。本书由杨霞主审。

为方便教学，本书配套电子课件，可登录化学工业出版社教学资源网 www.cipedu.com.cn 下载。

由于水平所限，不足之处在所难免，希望批评指正。

编　者

目录
CONTENTS

绪论

◆ 学习目标

了解 CAXA 制造工程师功能及特点；

了解 CAXA 制造工程师的应用领域；

简单了解 CAXA 制造工程师与同类软件的区别。

CAXA 制造工程师是北航海尔软件有限公司研制开发的三维 CAD/CAM 软件。CAXA 制造工程师不仅是一款高效易学、具有很好工艺性的数控加工编程软件，而且还是一套 Windows 原创风格、全中文三维造型与曲面实体完美结合的 CAD/CAM 一体化系统。CAXA 制造工程师为数控加工行业提供了从造型设计到加工代码生成、校验一体化的全面解决方案。

CAXA 制造工程功能及特点如下。

1. 完美的曲面结合

（1）方便的特征实体造型　采用精确的特征实体造型技术，可将设计信息用特征术语来描述，简便而准确。通常的特征包括孔、槽、型腔、凸台、圆柱体、圆锥体、球体和管子等，CAXA 制造工程师可以方便地建立和管理这些特征信息。实体模型的生成可以用增料方式，通过拉伸、旋转、导动、放样或加厚曲面来实现，也可以通过减料方式，从实体中减掉实体或用曲面裁剪来实现，还可以用等半径过渡、变半径过渡、倒角、打孔、增加拔模斜度和抽壳等高级特征功能来实现。

（2）强大的 NURBS 自由曲面造型　CAXA 制造工程师从线框到曲面，提供了丰富的建模手段。可通过列表数据、数学模型、字体文件及各种测量数据生成样条曲线，通过扫描、放样、拉伸、导动、等距、边界网格等多种形式生成复杂曲面，并可对曲面进行任意裁剪、过渡、拉伸、缝合、拼接、相交和变形等，建立任意复杂的零件模型。通过曲面模型生成的真实感图，可直观显示设计结果。

（3）灵活的曲面实体复合造型　基于实体的"精确特征造型"技术，使曲面融合进实体中，形成统一的曲面实体复合造型模式。利用这一模式，可实现曲面裁剪实体、曲面生成实体、曲面约束实体等混合操作，是用户设计产品和模具的有力工具。

2　高效的数控加工

CAXA 制造工程师将 CAD 模型与 CAM 加工技术无缝集成，可直接对曲面、实体模型进行一致的加工操作。支持轨迹参数化和批处理功能，明显提高工作效率。支持高速切削，大幅度提高加工效率和加工质量。通用的后置处理可向任何数控系统输出加工代码。

（1）2 轴到 3 轴的数控加工功能，支持 4～5 轴加工　2 轴到 3 轴半加工方式：可直接利用零件的轮廓曲线生成加工轨迹指令，而无需建立其三维模型；提供轮廓加工和区域加工功能，加工区域内允许有任意形状和数量的岛。可分别指定加工轮廓和岛的拔模斜度，自动进行分层加工。3 轴加工方式：多样化的加工方式可以安排从粗加工、半精加工到精加工的加工工艺路线。4～5 轴加工模块提供曲线加工、平切面加工、参数线加工、侧刃铣削加工等多种 4～5 轴加工功能。标准模块提供 2～3 轴铣削加工。4～5 轴加工为选配模块。

（2）支持高速加工　本系统支持高速切削工艺，以提高产品精度，降低代码数量，使加工质量和效率大大提高。可设定斜向切入和螺旋切入等接近和切入方式，拐角处可设定圆角过渡，轮廓与轮廓之间可通过圆弧或 S 字形方式来过渡形成光滑连接，从而生成光滑刀具轨迹，有效地满足了高速加工对刀具路径形式的要求。

（3）参数化轨迹编辑和轨迹批处理　CAXA 制造工程师的"轨迹再生成"功能可实现参数化轨迹编辑。用户只需选中已有的数控加工轨迹，修改原定义的加工参数表，即可重新生成加工轨迹。CAXA 制造工程师可以先定义加工轨迹参数，而不立即生成轨迹。工艺设计人员可先将大批加工轨迹参数事先定义而在某一集中时间批量生成。这样可以合理地优化工作时间。

（4）独具特色的加工仿真与代码验证　可直观、精确地对加工过程进行模拟仿真、对代码进行反读校验。仿真过程中可以随意放大、缩小、旋转，便于观察细节，可以调节仿真速度；能显示多道加工轨迹的加工结果。仿真过程中可以检查刀柄干涉、快速移动过程（G00）中的干涉、刀具无切削刃部分的干涉情况，可以将切削残余量用不同颜色区分表示，并把切削仿真结果与零件理论形状进行比较等。

（5）加工工艺控制　CAXA 制造工程师提供了丰富的工艺控制参数，可以方便地控制加工过程，使编程人员的经验得到充分的体现。

（6）通用后置处理　全面支持 SIEMENS、FANUC 等多种主流机床控制系统。CAXA 制造工程师提供的后置处理器，无需生成中间文件就可直接输出 G 代码控制指令。系统不仅可以提供常见的数控系统的后置格式，用户还可以定义专用数控系统的后置处理格式。可生成详细的加工工艺清单，方便 G 代码文件的应用和管理。

可将某类零件的加工步骤、使用刀具、工艺参数等加工条件保存为规范化的模板，形成企业的标准工艺知识库，类似零件的加工即可通过调用"知识加工"模板来进行。这样就保证了同类零件加工的一致性和规范化。同时，初学者更可以借助师傅积累的知识加工模板，实现快速入门和提高。

3. Windows 界面操作

CAXA 制造工程师基于微机平台，采用原创 Windows 菜单和交互，全中文界面。全面支持英文、简体和繁体中文 Windows 环境。

4. 丰富流行的数据接口

CAXA 制造工程师是一个开放的设计/加工工具。它提供了丰富的数据接口，包括：直接读取市场上流行的三维 CAD 软件，如 CATIA、Pro/ENGINEER 的数据接口；基于曲面的 DXF 和 IGES 标准图形接口，基于实体的 STEP 标准数据接口；Parasolid 几何核心的 x-T、x-B 格式文件；ACIS 几何核心的 SAT 格式文件，面向快速成型设备的 STL 以及面向 Internet 和虚拟现实的 VRML 等接口。这些接口保证了与世界流行的 CAD 软件进行双向数据交换，使企业可以跨平台和跨域地与合作伙伴实现虚拟产品开发和生产。

5. 开放 2D、3D 平台

CAXA 制造工程师充分考虑用户的个性化需求，提供了专业而易于使用的 2D 和 3D 开发平台，以实现产品的个性化和专业化。用户可以随心所欲地扩展制造工程师的功能，甚至可以开发出全新的 CAD/CAM 产品。

6. 品质一流的刀具轨迹和加工质量

加工路径的优化处理使刀具轨迹更加光滑、流畅、均匀、合理，大大提高了加工走刀的流畅性，保证了工件表面的加工质量。

项目一
CAXA制造工程师2015的初识

◆ 学习目标

了解 CAXA 制造工程师的安装与运行环境；

掌握软件的安装过程；

正确启动和关闭软件；

熟悉软件界面和会熟练操作软件，并练习快捷键的使用；

掌握坐标系的建立、删除等所有操作。

任务一　CAXA 制造工程师 2015 软件安装与启动

◆ 任务引入

通过教师指导，完成 CAXA 制造工程师 2015 软件的安装与启动。

◆ 任务指导

安装软件前，需要对计算机系统有一定的了解。

1. 系统配置要求

CAXA 制造工程师是以标准配置的 PC 微机为硬件平台，以 Windows 系统为操作平台的应用软件。在安装软件前，必须对计算机的软、硬件系统有所了解。操作方法如下，右键"我的电脑"，选择"属性"，弹出窗口如图 1-1-1 所示。通过本窗口可以对计算机配置有一个基本的了解。

说明：以下为最低配置要求，配置越高，软件运行越流畅。

（1）处理器：1GHz 32 位或者 64 位处理器。

（2）内存：1GB 及以上。

（3）显卡：支持 DirectX9 128M 及以上。

（4）硬盘空间：16G 以上。

（5）显示器：要求分辨率在 1024×768 像素及以上。

2. 系统安装

（1）启动计算机后，将 CAXA 制造工程师的光盘放入 CD-ROM 驱动器。

① 自动执行安装程序。

② 双击运行 Setup. exe 文件。

（2）安装开始前会出现一个安装对话框。

图 1-1-1 计算机系统说明

① 欢迎画面。

② 许可协议。

③ CAXA 制造工程师安装特别说明。

④ 用户信息。请您输入您的姓名及所在单位和产品序列号。

⑤ 注册确认。

⑥ 安装路径。

⑦ 确认画面。

⑧ 确认了上述操作后，安装程序开始向硬盘复制文件。

3. 系统运行

（1）双击"CAXA 制造工程师 2015"图标就可以打开软件。

（2）CAXA 的文件夹，打开 C：\ CAXA \ CAXAME \ bin \ ，可看到与桌面上的 CAXA 图标一致的 me 文件，双击运行该文件即可打开软件。

图 1-1-2 软件启动示意图

图 1-1-3 CAXA 制造工程师 2015 功能选择界面

（3）选择"开始"—"所有程序"—"CAXA 制造工程师 2015"—"CAXA 制造工程师 2015"命令打开软件。如图 1-1-2 所示。

（4）启动软件以后，进入软件功能选择界面，选择创建一个新的制造文件，如图 1-1-3 所示。软件进入加工制造环境，在该环境下完成绘图、建模与加工。

◆ **任务训练**

独立完成软件的安装、启动与退出。

任务二　CAXA 制造工程师 2015 软件界面与菜单

◆ **任务引入**

本软件与其它软件 CAD/CAM 软件在界面和操作上有何区别？

◆ **任务指导**

1. CAXA 制造工程师 2015 界面

CAXA 制造工程师 2015 界面是交互式 CAD/CAM 软件与用户进行信息交流的中介。界面由以下几个部分组成，如图 1-2-1 所示。

图 1-2-1　CAXA 制造工程师 2015 界面

A. 绘图区
① 绘图区是进行绘图设计的工作区域，位于屏幕的中心。
② 在绘图区的中央设置了一个三维直角坐标系。
B. 主菜单
① 主菜单是界面最上方的菜单条。

② 菜单条与子菜单构成了下拉主菜单。

C. 立即菜单

立即菜单描述了该项命令执行的各种情况和使用条件。

D. 快捷菜单

光标处于不同的位置，右击会弹出不同的快捷菜单。

E. 工具条

在工具条中，可以通过单击相应的按钮进行操作。

F. 状态栏

显示软件命令操作状态及操作提示。

G. 对话框

某些菜单选项要求用户以对话的形式予以回答，单击这些菜单时，系统会弹出一个对话框。如图 1-2-2 示。

2. 常用键含义

（1）鼠标键

① 左键可以用来激活菜单、确定位置点、拾取元素等。

② 中键可以放大或缩小视图（滚动），旋转观察视角（按动＋拖动）。

③ 右键用来确认拾取、结束操作和终止命令。

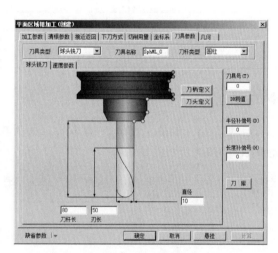

图 1-2-2　加工对话框

（2）回车键和数值键　回车键和数值键在系统要求输入点时，可以激活一个坐标输入框，在输入框中可以输入坐标值。

（3）空格键

① 当系统要求输入点时，按空格键弹出"点工具"菜单，显示点的类型。

② 有些操作中（如作扫描面）需要选择方向，这时按空格键，弹出"矢量工具"菜单。

③ 在有些操作（如进行曲线组合等）中，要拾取元素时，按空格键，可以进行拾取方式的选择。

④ 在"删除"等需要拾取多个元素时，按空格键则弹出"选择集拾取工具"菜单。

（4）功能热键

① F1 键：请求系统帮助。

② F2 键：草图器。用于"草图绘制"模式与"非绘制草图"模式的切换。

③ F3 键：显示全部图形。

④ F4 键：重画（刷新）图形。

⑤ F5 键～F7 键：将当前平面切换至 XOY 面、YOZ 面、XOZ 面，将显示平面设置为 XOY 面、YOZ 面、XOZ 面。

⑥ F8 键：显示轴测图。

⑦ F9 键：切换作图平面（XY、XZ、YZ），重复按 F9 键，可以在三个平面中相互转换。

（5）视图与视角的变换操作　视图与视角的变换在三维造型中使用非常频繁，相同功能有不同的便捷操作方法。详见表 1-2-1。

表 1-2-1	CAXA 制造工程师 2015 的快捷键操作	
视图视角变换	键盘动作	鼠标动作
视图平移 （上下左右平移）	按动方向键	
	Shift＋	中键拖动或（左击＋右击）拖动
视图缩放（显示放大）	Ctrl＋方向键上键	
	Shift＋	鼠标右键上拖动
		下滚鼠标中键
视图缩放（显示缩小）	Ctrl＋方向键下键	
	Shift＋	鼠标右键下拖动
		上滚鼠标中键
视图旋转（视角旋转）	Shift＋方向键	
	Shift＋	左键拖动
		鼠标中键拖动

◆ 任务训练

启动 CAXA 制造工程师 2015 软件，关闭软件工具条及功能。如图 1-2-3 所示。然后再完成如图 1-2-4 所示的界面。

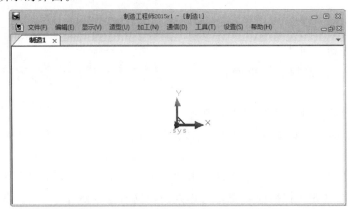

图 1-2-3　CAXA 制造工程师 2015 空白界面

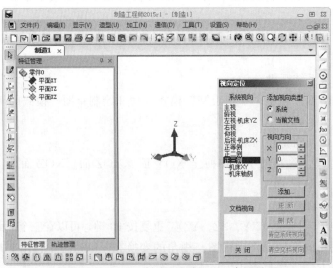

图 1-2-4　CAXA 制造工程师 2015 常用界面

任务三　坐标系的创建与编辑

◆ 任务引入

管理和建立坐标系，实现在不同坐标系下绘图。

◆ 任务指导

坐标系是 CAD/CAM 软件绘图和建模的基准。在 CAXA 制造工程师中许可系统同时存在多个坐标系，图 1-3-1 所示为三维坐标系，其中正在使用的坐标系叫做"当前工作坐标系"。

1. 创建坐标系

创建坐标系各种方式的具体操作步骤基本相同，下面几种方式中，第①步与第④步相似，第②步和第③步有较大差别。

（1）单点方式　指输入一坐标原点来确定新的坐标系，此时坐标系的 X、Y、Z 方向不发生改变，只是坐标系的原点位置发生变化。操作步骤如下：

① 选择"工具"—"坐标系"—"创建坐标系"命令。或点工具栏中图标 ⊠ 。

② 在左侧立即菜单中选择"单点"方式。

③ 鼠标给出坐标原点或键盘输入坐标原点。

④ 弹出输入框，在此输入坐标系名称，按回车键确定，如图 1-3-1 所示。

图 1-3-1　单点方式建立坐标系

说明：单点法建立的坐标系与原坐标系是平移关系。

（2）三点方式　给出坐标原点、X 轴正向上一点和 Y 轴正向上一点生成新坐标系。如图 1-3-2 所示，操作步骤如下：

① 同上，快捷菜单选择"三点"方式。

② 鼠标或键盘分别给出坐标原点，X 轴正向上一点。

③ Y 轴正向上一点。

④ 弹出输入框，在此输入坐标系名称，按回车键确定。

说明：三点方式建立坐标系与原坐标系可以是任意位置关系。

（3）两相交直线方式　拾取一条直线作为 X 轴，给出正方向，再拾取另外一条直线作为 Y 轴，给出正方向，生成新的坐标系。操作步骤如下：

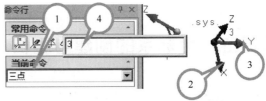

图 1-3-2　三点方式建立坐标系

① 同上，选择"两相交直线"方式。

② 拾取一条直线作为 X 轴，给出正方向，拾取第二条直线作为 Y 轴，选择方向。如图 1-3-3 所示。

③ 弹出输入框，在此输入坐标系名称，按回车键确定。

说明：相交直线方式是以相交直线所在平面确立的坐标系，坐标系与原坐标系是任意关系。

（4）圆与圆弧方式　指定圆或圆弧的圆心为坐标原点，以圆的端点方向或指定圆弧端点方向为 X 轴正方向，生成新坐标系。操作步骤如下：

① 同上，在立即菜单中选择"圆或圆弧"方式。

② 拾取圆或圆弧，选择 X 轴位置（圆弧起点或终点位置），如图 1-3-4 所示。

③ 弹出输入框，在此输入坐标系名称，按回车键确定。

说明：此方法建立的坐标系，是以圆弧或圆所在平面建立 XOY 坐标平面。

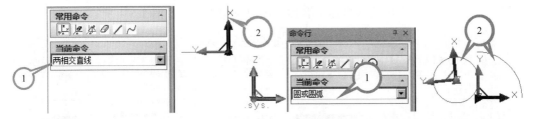

图 1-3-3　两相交直线方式建立坐标系　　　　图 1-3-4　圆与圆弧方式建立坐标系

（5）曲线切线方式　指定曲线上一点为坐标原点，以该点的切线为 X 轴，该点的法线为 Y 轴，生成新的坐标系。操作步骤如下：

① 同上，在立即菜单中选择"曲线切法线"方式。

② 拾取曲线。

③ 拾取曲线上一点为坐标原点。该点的切线为 X 轴，法线为 Y 轴。

④ 弹出输入框，在此输入坐标系名称，如图 1-3-5 所示，按回车键确定。

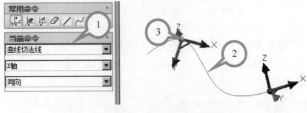

图 1-3-5　曲线切线方式建立坐标系

说明：此方法建立坐标系是根据该点空间位置数据计算出的，结果往往与观察者的预期结果有较大误差。

2. 激活坐标系

选择菜单"工具"—"坐标系"—"激活坐标系"命令，或点击 弹出"激活坐标系"对话框，选择坐标系列表中的某一坐标系，单击"激活"按钮，如图 1-3-6 所示。

3. 删除坐标系

选择菜单"工具"—"坐标系"—"删除坐标系"命令，在弹出的对话框中选择要删除的坐标系，单击"删除"按钮即可。操作过程同上。

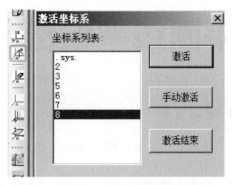

图 1-3-6　坐标系的激活

4. 隐藏坐标系

选择菜单"工具"—"坐标系"—"隐藏坐标系"命令，拾取目标坐标系后完成隐藏坐标系操作。操作过程同上。

5. 显示所有坐标系

选择菜单"工具"—"坐标系"—"显示所有坐标系"命令，则所有坐标系都会显示出来。

◆ **任务训练**

在绘图区分别绘一个点、空间三个点、两相交直线、圆与圆弧、椭圆、样条曲线，然后用 7 种不同方法建立坐标系，如图 1-3-7 所示。

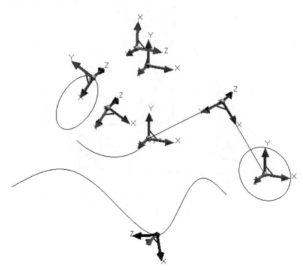

图 1-3-7　多种方式建立坐标系

项目二
平面线架绘图与编辑

◆ 学习目标

掌握点、直线、圆弧（圆）、矩形、多边形、椭圆、样条曲线、二次曲线等其它曲线绘图命令；

掌握曲线的修改与编辑命令，如复制、平移、阵列、旋转、镜像、修剪、延长等；

学会综合使用 CAXA 制造工程师的线架造型命令，绘制多种三维图。

任务一　连杆轮廓图的绘制

本任务可以帮助学习直线、圆弧、圆命令，以及曲线基本编辑命令。

◆ 任务引入

图 2-1-1 所示零件为连杆，利用绘图的基础技能，完成连杆平面轮廓的加工。

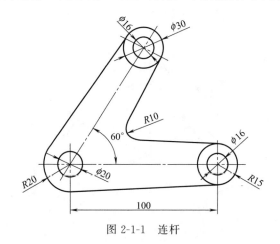

图 2-1-1　连杆

◆ 任务指导

一、主要命令说明

1. 直线
功能描述：

直线是构成图形的基本要素。直线功能提供了两点线、平行线、角度线、切线/法线、角等分线和水平/铅垂线六种方式。

操作步骤：

（1）选择菜单"造型"—"曲线生成"—"直线"命令，或单击工具栏 。如图 2-1-2 所示。

图 2-1-2 直线命令的启用

（2）在立即菜单中选取不同的画线方式，需要根据状态栏提示完成操作。

① 两点线就是在屏幕上按给定的两点画出一条直线段或按给定的连续条件画出连续的直线段。后续选项有单个/连续、正交/非正交、点方式/长度方式。

② 平行线是按给定距离或通过给定的点绘制与已知线段平行且长度相等的平行线段。选项有过点/距离两种方式。在拾取原母线后，按提示给定点或给定距离及方向。

③ 角度线就是生成与坐标轴或已知直线成一定夹角的直线。角度方向以逆时针为正。

④ 切线/法线用于过给定点作已知曲线的切线或法线。长度需要用户给定。

⑤ 角度等分线用于绘制相交直线的等分线段。用户指定等分份数及等分线段长度。

⑥ 水平/铅垂线用于生成平行或垂直当前平面坐标轴的给定长度的直线段。

2. 圆

功能描述：

圆是构成图形的基本要素。圆功能提供了圆心半径、三点和两点半径三种方式。

操作步骤：

（1）选择菜单"造型"—"曲线生成"—"圆"命令，或直接单击工具栏 ⊕。

（2）在立即菜单中选取画圆方式，并根据状态栏提示完成操作。

3. 平面镜像

功能描述：

对拾取到的曲线或曲面以某一条直线为对称轴，进行同一平面上的对称镜像或对称拷贝。

操作步骤：

（1）选择菜单"造型"—"几何变换"—"平面镜像"命令，或者单击工具栏 ⚏。

（2）在立即菜单中选择"移动"或"拷贝"命令。

（3）拾取镜像轴首点和镜像轴末点，拾取镜像元素，右击确认，平面镜像完成。

4. 曲线过渡

功能描述：

曲线过渡是对指定的两条曲线进行圆弧过渡、尖角过渡或对两条直线倒角。

操作步骤：

（1）选择菜单"造型"—"曲线编辑"—"曲线过渡"命令，或单击工具栏 。

（2）根据需要在立即菜单中选择过渡方式并输入必要参数。

（3）按状态行提示在绘图区拾取曲线，右击确定。

5. 删除

功能描述：

删除拾取到的元素。

操作步骤：

（1）选择菜单"编辑"—"删除"命令，或单击工具栏 。

（2）拾取要删除的元素，右击确认。

6. 修剪

功能描述：

使用曲线作剪刀，裁掉曲线上不需要的部分。

操作步骤：

（1）选择菜单"造型"—"曲线编辑"—"曲线裁剪"命令，或单击工具栏 。

（2）根据需要在立即菜单中选择裁剪方式。

（3）在绘图区拾取曲线，右击确定。

二、关键步骤精讲

（1）选择圆命令，按给定半径及相对位置，绘制四圆。如图 2-1-3 所示。

（2）选择直线命令，绘制两外圆的外公切线，如图 2-1-4 所示。

图 2-1-3　圆的绘制

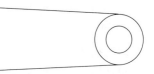

图 2-1-4　直线的绘制

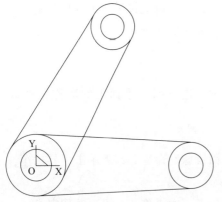

图 2-1-5　旋转命令的应用

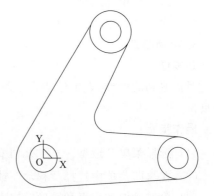

图 2-1-6　曲线编辑（修剪、过渡、删除）

（3）选择旋转命令，选择拷贝选项。给定旋转角度，如图 2-1-5 所示。

（4）选择修剪、过渡、删除等命令，完成曲线的编辑，如图 2-1-6 所示。

◆ **任务训练**

通过上面的学习，完成图 2-1-7、图 2-1-8 所示连杆轮廓的绘制。

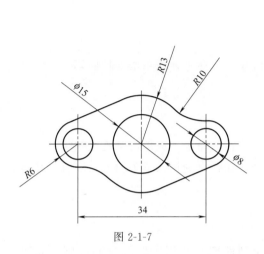

图 2-1-7

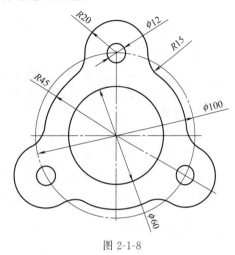

图 2-1-8

任务二　挂钩轮廓图的绘制

◆ **任务引入**

绘制图 2-2-1 所示挂钩轮廓图。

◆ **任务指导**

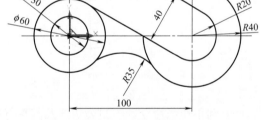

图 2-2-1　挂钩轮廓图

一、主要命令说明

1. 圆弧
操作步骤：

（1）选择菜单"造型"—"曲线生成"—"圆弧"命令，或单击工具栏 **⌒**。

（2）在立即菜单中选取画圆弧方式，并根据状态栏提示完成操作。

① 三点圆弧：给定三点画圆弧，其中第一点为圆弧起点，第二点决定圆弧的位置和方向，第三点为圆弧的终点。第一点决定圆弧的位置，第二点确定方向，第三点决定圆弧长短，三点共同决定了圆弧的圆心位置、半径和弧长。

② 圆心起点圆心角：已知圆心、起点及圆心角或终点画圆弧。

③ 圆心半径起终角：由圆心、半径和起终角画圆弧。

④ 两点半径：给定两点及圆弧半径画圆弧。

⑤ 起点终点圆心角：已知起点、终点和圆心角画圆弧。

⑥ 起点半径起终角：由起点、半径和起终角画圆弧。

2. 等距线
功能描述：

绘制给定曲线的等距线，单击带方向的箭头可以确定等距线位置。

操作步骤：

（1）选择菜单"造型"—"曲线生成"—"等距线"命令，或单击工具栏 🔂。

（2）选取画等距线方式，根据提示，完成操作。

3. 曲线拉伸

操作步骤：

（1）选择菜单"造型"—"曲线编辑"—"曲线拉伸"命令，或单击工具栏 🔁。

（2）按状态栏中的提示进行操作。

4. 旋转

操作步骤：

（1）选择菜单"造型"—"几何变换"—"平面旋转"命令，或单击工具栏 🔁。

（2）在立即菜单中选择"移动"或"拷贝"命令，在弹出的输入框中输入角度值，并指定旋转中心，右击确认，平面旋转完成。

二、关键步骤精讲

（1）选择圆命令，按给定半径及相对位置，绘制两圆，并用等距线画同心圆。如图 2-2-2 所示。

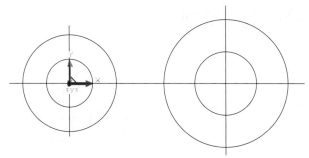

图 2-2-2　同心圆的绘制

（2）利用切线命令，绘制公切线及其平行线，并绘制公切圆。如图 2-2-3 所示。

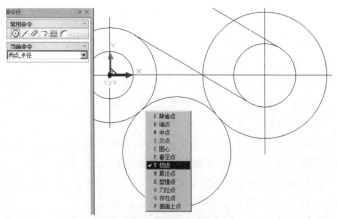

图 2-2-3　切线命令的应用

（3）利用修剪命令，完成任务。如图 2-2-4 所示。

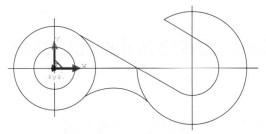

图 2-2-4 修剪命令的应用

◆ **任务训练**

完成图 2-2-5～图 2-2-7 所示轮廓的绘制。

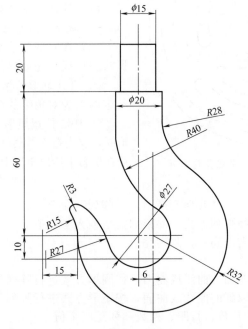

图 2-2-5

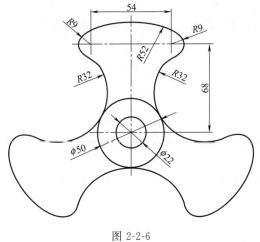

图 2-2-6

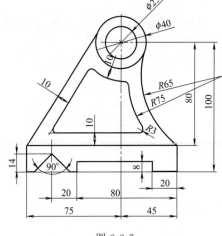

图 2-2-7

任务三 计算机箱后盖散热孔轮廓图的绘制

◆ **任务引入**

绘制计算机箱后盖散热孔轮廓图。如图 2-3-1 所示。

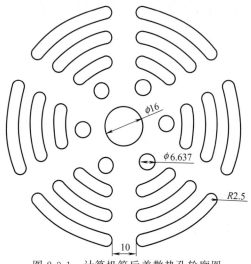

$\phi16$

$\phi6.637$

R2.5

10

图 2-3-1 计算机箱后盖散热孔轮廓图

◆ **任务指导**

一、主要命令说明

1. 矩形命令

（1）选择菜单"造型"—"曲线生成"—"矩形"命令，或直接选择□工具。

（2）在立即菜单中选取画矩形方式，并根据状态栏提示完成操作。

① 两点矩形：给出起点和终点，生成以给定两点为对角线的矩形。

② 中心长宽矩形：选取中心长宽方式画矩形时，要先在立即菜单中输入长度和宽度值，然后在屏幕上给出矩形中心，即可生成矩形。

2. 阵列命令

（1）选择菜单"造型"—"几何变换"—"阵列"命令。

（2）在立即菜单中选择阵列方式，并根据需要输入参数值。

（3）拾取阵列元素，右击确认，阵列完成。

下面介绍两种阵列。

（1）圆形阵列。对拾取到的曲线或曲面，按圆形方式进行阵列复制。

（2）矩形阵列。对拾取到的曲线或曲面，按矩形方式进行阵列复制。此方式需在立即菜单中选取"矩形"，并输入行数、行距、列数和列距四个值。

二、关键步骤精讲

绘制同心圆，并画两组夹角为 60°平行线，并进行修剪，倒圆角，利用阵列命令，完成图形绘制。如图 2-3-2 所示。

图 2-3-2 基本图形绘制

◆ **任务训练**

利用本任务所学内容，完成图 2-3-3、图 2-3-4 所示图形的绘制。

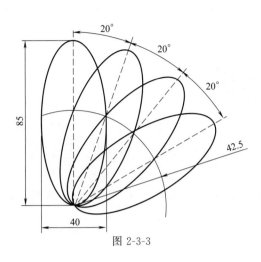

图 2-3-3

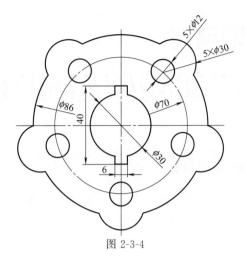

图 2-3-4

项 目 实 战

完成项目图（一）和项目图（二）所示图形的绘制

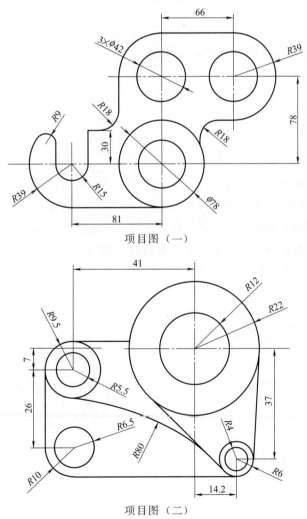

项目图（一）

项目图（二）

项目三
空间线架与曲面造型

◆ 学习目标

学会综合使用CAXA制造工程师的线架造型命令和空间几何变换，以及曲面造型，能绘制多种三维图。

任务一　六角螺母的三维线架构造

◆ 任务引入

利用CAXA空间绘图功能和空间几何变换，完成图3-1-1所示螺母的线架造型。其中$D=16$，$m=18$，$S=24$。

◆ 任务指导

一、主要命令说明

主要用到的命令有绘制正多边形、新建坐标系。因前面提到过，这里不再重述。

几何变换对于编辑图形和曲面有着极为重要的作用，可以极大地方便用户。几何变换是指对线、面进行变换，对造型实体无效，而且几何变换前后线、面的颜色、图层等属性不发生变换。几何变换共有七种功能：平移、平面旋转、旋转、平面镜像、镜像、阵列和缩放。几何变换工具条如图3-1-2所示。

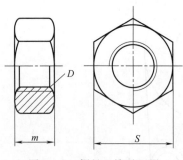

图3-1-1　螺母二维平面图

图3-1-2　几何变换工具条

平移就是对拾取到的曲线或曲面进行平移或拷贝。平移有两种方式：两点或偏移量。偏移量方式就是给出在X、Y、Z三轴上的偏移量，来实现曲线或曲面的平移或拷贝。

1. 偏移量方式

（1）直接单击 ⊞ 按钮，在立即菜单中选取偏移量方式，拷贝或平移，输入 X、Y、Z 三轴上的偏移量值，如图 3-1-3 所示。

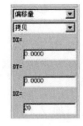 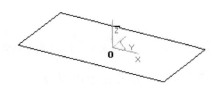

图 3-1-3　偏移量方式

（2）状态栏中提示"拾取元素"，选择曲线或曲面，按右键确认，平移完成如图 3-1-4 所示。

2. 两点方式

两点方式就是给定平移元素的基点和目标点，来实现曲线或曲面的平移或拷贝。

（1）单击 ⊞ 按钮，在立即菜单中选取两点方式，拷贝或平移，正交或非正交，如图 3-1-5 所示。

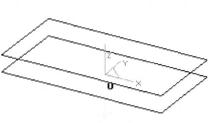

图 3-1-4　平移

 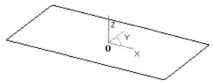

图 3-1-5　两点方式

（2）拾取曲线或曲面，按右键确认，输入基点，光标就可以拖动图形了，输入目标点，平移完成，如图 3-1-6 所示。

二、关键步骤精讲

（1）在 XOY 平面内，绘制正六边形、内切圆及同心圆。如图 3-1-7 所示。

（2）对图 3-1-7 所示图形进行平移复制操作，并用直线连接。如图 3-1-8 所示。

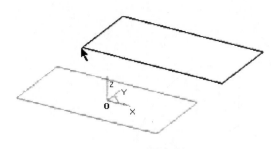

图 3-1-6　平移复制

  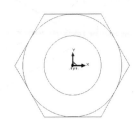

图 3-1-7　绘制正六边形、内切圆及同心圆

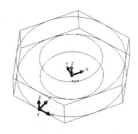

图 3-1-8　空间平移复制

（3）选取多边形某边为 X 轴及该边中点为原点，Z 方向与原 Z 轴平行，建立新的坐标系 2。在该坐标的 XOZ 平面绘制圆。如图 3-1-9 所示。

（4）修剪掉多余的曲线，对所得圆弧进行平面镜像及空间环形阵列，即可得到任务目标图 3-1-10。

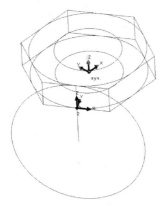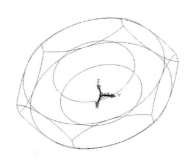

图 3-1-9　在新坐标系下绘图　　　　　　　　　图 3-1-10　螺母的线架造型

◆ **任务训练**

完成图 3-1-11、图 3-1-12 的线架造型。

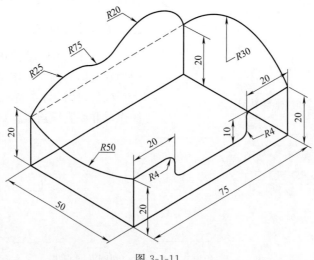

图 3-1-11

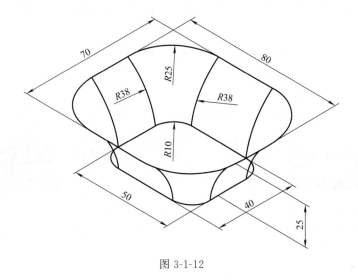

图 3-1-12

任务二 五角星的线架与曲面造型

◆ 任务引入

先建立线框框架，再建立曲面模型，如图 3-2-1 所示。

◆ 任务指导

曲面是用数学方程式以"表层"的方式来表现物体的形状。一个曲面通常含有许多断面或缀面，这些熔接在一起形成一个物体的形状；另外，也常在较复杂的工件上看到多曲面结合而成的形状，它是由曲面熔接技术来产生单一曲面的模型，在曲面模型的设计分析和 NC 刀

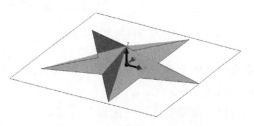

图 3-2-1 五角星的空间造型

具路径的制作上是非常有用的。对于此类由多个曲面熔接而成的曲面模型，通常被称为"复合曲面"。

CAXA 制造工程师目前提供了 10 种曲面生产方式，分别是：直纹面、旋转面、扫描面、边界面、放样面、网格面、导动面、等距面、平面和实体表面。在构造曲面时需要根据曲面特征线的不同组合方式，采用不同的曲面生成方式。

一、主要命令说明

直纹面是由一根直线两端点分别在两曲线上匀速运动而形成的轨迹曲面。

① 单击"应用"，指向"曲面生成"，单击"直纹面"，或者单击 按钮。

② 在立即菜单中选择直纹面生成方式。

③ 按状态栏的提示操作，生成直纹面。

直纹面生成有三种方式：曲线＋曲线、点＋曲线和曲线＋曲面。如图 3-2-2 所示。

1. 曲线＋曲线

曲线＋曲线是指在两条自由曲线之间生成直纹面。

（1）选择"曲线＋曲线"方式。

（2）拾取第一条空间曲线。

（3）拾取第二条空间曲线，拾取完毕立即生成直纹面。如图 3-2-3 所示。

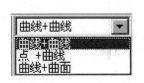

图 3-2-2　直纹面生成方式

图 3-2-3　两条曲线生成的直纹面

2. 点＋曲线

点＋曲线是指在一个点和一条曲线之间生成直纹面。

（1）选择"点＋曲线"方式。

（2）拾取空间点。

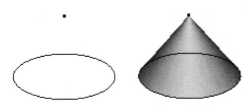

图 3-2-4　点与曲线生成的直纹面

（3）拾取空间曲线，拾取完毕立即生成直纹面。如图 3-2-4 所示。

3. 曲线＋曲面

曲线＋曲面是指在一条曲线和一个曲面之间生成直纹面。

曲线＋曲面方式生成直纹面时，曲线沿着一个方向向曲面投影，同时曲线在与这个方向垂直的平面上以一定的锥度扩张或收缩，生成另外一条曲线，在这两条曲线之间生成直纹面。如图 3-2-5 所示。

（1）选择"曲线＋曲面"方式。

（2）填写角度（角度是指锥体母线与中心线的夹角）和精度。

（3）拾取曲面。

（4）拾取空间曲线。

（5）输入投影方向。单击空格键弹出矢量工具，选择投影方向。

（6）选择锥度方向。单击箭头方向即可。

（7）生成直纹面。

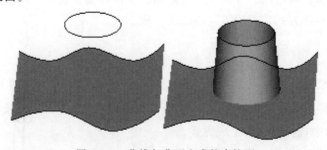

图 3-2-5　曲线与曲面生成的直纹面

注意：① 生成方式为"曲线＋曲线"时，在拾取曲线时应注意拾取点的位置，应拾取曲线的同侧对应位置；否则将使两曲线的方向相反，生成的直纹面发生扭曲。

② 生成方式为"曲线＋曲线"时，如系统提示"拾取失败"，可能是由于拾取设置中没有这种类型的曲线。解决方法是点取"设置"菜单中的"拾取过滤设置"，在"拾取过滤设置"对话框的"图形元素的类型"中选择"选中所有类型"。

③ 生成方式为"曲线＋曲面"时，输入方向可利用矢量工具菜单。在需要这些工具菜单时，按空格键或鼠标中键即可弹出工具菜单。

④ 生成方式为"曲线＋曲面"时，当曲线沿指定方向，以一定的锥度向曲面投影作直纹面，如曲线的投影不能全部落在曲面内，直纹面将无法作出。

二、关键步骤精讲

1. 绘制五角星的框架

（1）圆的绘制　按照提示单击选取坐标系原点，也可以按回车键在弹出的对话框内输入圆心点的坐标（0，0，0），半径为 100 并确认，然后右击结束该圆的绘制。

（2）五边形的绘制　选择曲线生成工具栏上的绘图工具，在特征树下方的立即菜单中选择"中心"定位，边数 5 条，按回车键确认，内接方式。

（3）构造五角星的轮廓线　通过上述操作得到了五角星的 5 个角点，使用曲线生成工具栏上的直线工具，在特征树下方的立即菜单中选择"两点线""连续""非正交"，将五角星的各个角点连接，如图 3-2-6 所示。

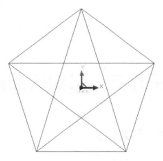

图 3-2-6　构造五角星的轮廓线

（4）构造五角星的空间线架　在构造空间线架时，还需要五角星的一个顶点，因此需要在五角星的高度方向上找到一点（0，0，20），以便通过两点连线实现五角星的空间线架构造。如图 3-2-7 所示。

2. 五角星曲面生成

（1）通过直纹面生成曲面。

图 3-2-7　构造五角星线的空间线架

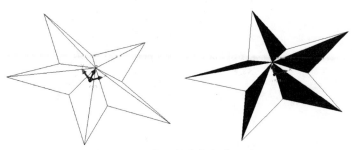

图 3-2-8　五角星的线架与曲面造型

（2）生成其它各角的曲面。在生成其它曲面时，可以利用直纹面逐个生成曲面，也可以使用阵列功能对已有一个角的曲面进行圆形阵列来实现五角星的曲面构成。如图 3-2-8 所示。

◆ **任务训练**

完成图 3-2-9 所示曲面造型。

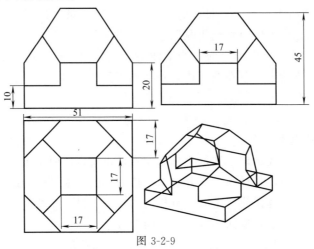

图 3-2-9

任务三　吊钩的曲面造型

◆ **任务引入**

完成图 3-3-1 所示吊钩的曲面造型。

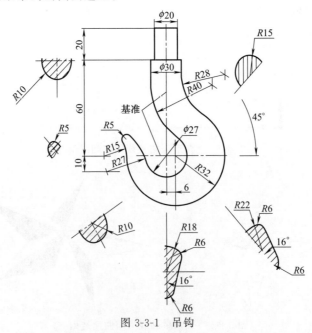

图 3-3-1　吊钩

◆ 任务指导

一、主要命令说明

继续详细说明 CAXA 曲面生成命令的使用。

1. 旋转面

按给定的起始角度、终止角度将曲线绕一旋转轴旋转而生成的轨迹曲面。

（1）单击"应用"，指向"曲面生成"，单击"旋转面"，或者单击 🔔 按钮。

（2）输入起始角和终止角角度值。

（3）拾取空间直线为旋转轴，并选择方向。

（4）拾取空间曲线为母线，拾取完毕即可生成旋转面。如图 3-3-2 所示。

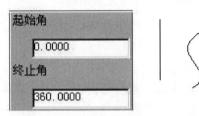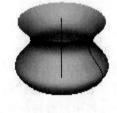

图 3-3-2　旋转面

起始角：是指生成曲面的起始位置与母线和旋转轴构成平面的夹角。

终止角：是指生成曲面的终止位置与母线和旋转轴构成平面的夹角。

图 3-3-3 所示起始角为 60°，终止角为 270°的情况。

注意：选择方向时的箭头方向与曲面旋转方向两者遵循右手螺旋法则。

2. 扫描面

按照给定的起始位置和扫描距离将曲线沿指定方向以一定的锥度扫描生成曲面。

（1）单击"应用"，指向"曲面生成"，单击"扫描面"，或者单击 🔲 按钮。

（2）填入起始距离、扫描距离、扫描角度和精度等参数。

（3）按空格键弹出矢量工具，选择扫描方向。

（4）拾取空间曲线。

（5）若扫描角度不为零，选择扫描夹角方向，扫描面生成。如图 3-3-4 所示。

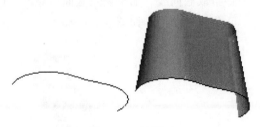

图 3-3-3　角度限定旋转面　　　　　　　　　　图 3-3-4　扫描面

起始距离：是指生成曲面的起始位置与曲线平面沿扫描方向上的间距。

扫描距离：是指生成曲面的起始位置与终止位置沿扫描方向上的间距。

扫描角度：是指生成的曲面母线与扫描方向的夹角。

图 3-3-5　初始距离
不为零的扫描面

图 3-3-5 所示为扫描初始距离不为零的情况。

注意：扫描方向不同的选择可以产生不同的效果。

3. 导动面

让特征截面线沿着特征轨迹线的某一方向扫动生成曲面。导动面生成有六种方式：平行导动、固接导动、导动线 & 平面、导动线 & 边界线、双导动线和管道曲面。

生成导动曲面的基本思想：选取截面曲线或轮廓线沿着另外一条轨迹线扫动生成曲面。

为了满足不同形状的要求，可以在扫动过程中，对截面线和轨迹线施加不同的几何约束，让截面线和轨迹线之间保持不同的位置关系，就可以生成形状变化多样的导动曲面。如截面线沿轨迹线运动过程中，可以让截面线绕自身旋转，也可以绕轨迹线扭转，还可以进行变形处理，这样就产生各种方式的导动曲面。

① 单击"应用"，指向"曲面生成"，单击"导动面"，或者直接单击 按钮。

② 选择导动方式。

③ 根据不同的导动方式下的提示，完成操作。

（1）平行导动　平行导动是指截面线沿导动线趋势始终平行它自身移动而扫动生成曲面，截面线在运动过程中没有任何旋转。

① 激活导动面功能，并选择"平行导动"方式。

② 拾取导动线，并选择方向。

③ 拾取截面曲线，即可生成导动面。如图 3-3-6 所示。

（2）固接导动　固接导动是指在导动过程中，截面线和导动线保持固接关系，即让截面线平面与导动线的切矢方向保持相对角度不变，而且截面线在自身相对坐标架中的位置关系保持不变，截面线沿导动线变化的趋势导动生成曲面。

图 3-3-6　平行导动面

固接导动有单截面线和双截面线两种，也就是说截面线可以是一条或两条。

① 选择"固接导动"方式。

② 选择单截面线或者双截面线。

③ 拾取导动线，并选择导动方向。

④ 拾取截面线。如果是双截面线导动，应拾取两条截面线。

⑤ 生成导动面。如图 3-3-7 所示。

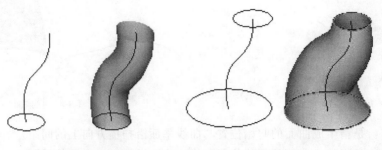

(a) 单截面线　　　　　　　　　　(b) 双截面线

图 3-3-7　固接导动面

4. 等距面

按给定距离与等距方向生成与已知平面（曲面）等距的平面（曲面）。这个命令类似曲线中的"等距线"命令，不同的是"线"改成了"面"。

① 单击"应用"，指向"曲面生成"，单击"等距面"，或者单击 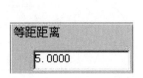 按钮。

② 填入等距距离。

③ 拾取平面，选择等距方向。

④ 生成等距面。如图 3-3-8 所示。

图 3-3-8　等距面

等距距离：是指生成平面在所选的方向上的离开已知平面的距离。

注意：如果曲面的曲率变化太大，等距的距离应当小于最小曲率半径。

5. 边界面

在由已知曲线围成的边界区域上生成曲面。

边界面有两种类型：四边面和三边面。所谓四边面是指通过四条空间曲线生成平面；三边面是指通过三条空间曲线生成平面。

① 单击"应用"，指向"曲面生成"，单击"边界面"，或者单击 按钮。

② 选择四边面或三边面。

③ 拾取空间曲线，完成操作。如图 3-3-9 所示。

注意：拾取的四条曲线必须首尾相连成封闭环，才能作出四边面；并且拾取的曲线应当是光滑曲线。

6. 放样面

以一组互不相交、方向相同、形状相似的特征线（或截面线）为骨架进行形状控制，过这些曲线蒙面生成的曲面称为放样面。有截面曲线和曲面边界两种类型。

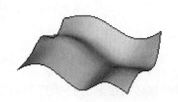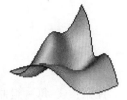

图 3-3-9　边界面

① 单击"应用"，指向"曲面生成"，单击"放样面"，或者单击 按钮。

② 选择截面曲线或者曲面边界。

③ 按状态栏提示，完成操作。

7. 截面曲线

通过一组空间曲线作为截面来生成曲面。

① 选择界面曲线方式。

② 拾取空间曲线为截面曲线，拾取完毕后按鼠标右键确定，完成操作。如图 3-3-10 所示。

8. 网格面

以网格曲线为骨架，蒙上自由曲面生成的曲面称为网格面。网格曲线是由特征线组成横竖相交线。

网格面的生成思路：首先构造曲面的特征网格线确定曲面的初始骨架形状，然后用自由曲面插值特征网格线生成曲面。

特征网格线可以是曲面边界线或曲面截面线等等。由于一组截面线只能反映一个方向的变化趋势，还可以引入另一组截面线来限定另一个方向的变化，这形成一个网格骨架，控制住两方向（U 和 V 两个方向）的变化趋势（如图 3-3-11），使特征网格线基本上反映出设计者想要的曲面形状，在此基础上插值网格骨架生成的曲面必然将满足设计者的要求。

图 3-3-10　截面曲线生成的放样面

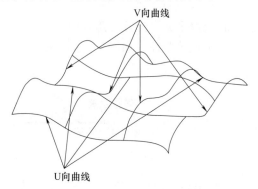

图 3-3-11　网格面矢量图

① 单击"应用"，指向"曲面生成"，单击"网格面"，或者单击 按钮。

② 拾取空间曲线为 U 向截面线，单击鼠标右键结束。

③ 拾取空间曲线为 V 向截面线，单击鼠标右键结束，完成操作。如图 3-3-12 所示。

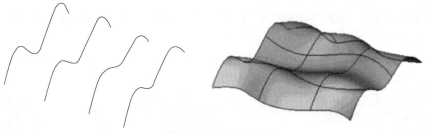

图 3-3-12　网格面

注意：① 每一组曲线都必须按其方位顺序拾取，而且曲线的方向必须保持一致。曲线的方向与放样面功能中一样，由拾取点的位置来确定曲线的起点。

② 拾取的每条 U 向曲线与所有 V 向曲线都必须有交点。

③ 拾取的曲线应当是光滑曲线。

④ 对特征网格线有以下要求：网格曲线组成网状四边形网格，规则四边网格与不规则四边网格均可。插值区域是四条边界曲线围成的，不允许有三边域、五边域和多边域。如图 3-3-13 所示。

(a) 规则四边网格　　　　　(b) 不规则四边网格　　　　　(c) 不规则网格

图 3-3-13　无法形成网格面的情况

9. 实体表面

把通过特征生成的实体表面剥离出来而形成一个独立的面。如图 3-3-14 所示。

① 单击"应用",指向"曲面生成",单击"实体表面"。

② 按提示拾取实体表面。

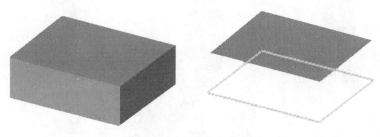

图 3-3-14 利用实体生成面

二、关键步骤精讲

(1) 将绘图平面切换到 XOY 平面,绘制中心线,绘制圆等。如图 3-3-15 所示。

(2) 修剪多余曲线,并做圆角过渡处理,完成轮廓图。如图 3-3-16 所示。

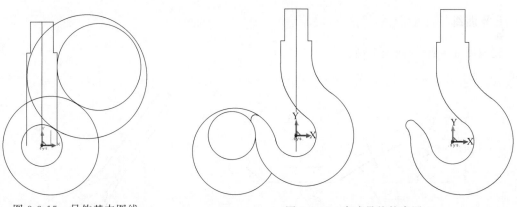

图 3-3-15 吊钩基本图线

图 3-3-16 完成吊钩轮廓图

(3) 根据吊钩断面位置,建立相应的新坐标系。如图 3-3-17 所示。

(4) 不同的坐标系下绘制吊钩断面图。如图 3-3-18 所示。

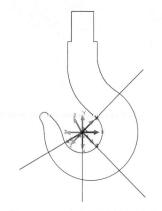

图 3-3-17 建立若干新坐标系

图 3-3-18 新坐标系下的断面图

（5）生成曲面。分别使用扫描旋转、导动等命令，完成吊钩曲面造型。如图 3-3-19 所示。

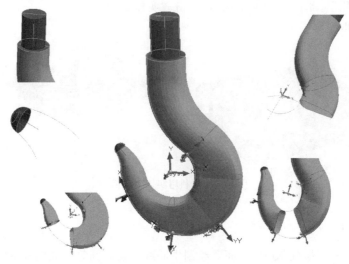

图 3-3-19 吊钩的曲面造型

◆ **任务训练**

完成图 3-3-20 的曲面造型。

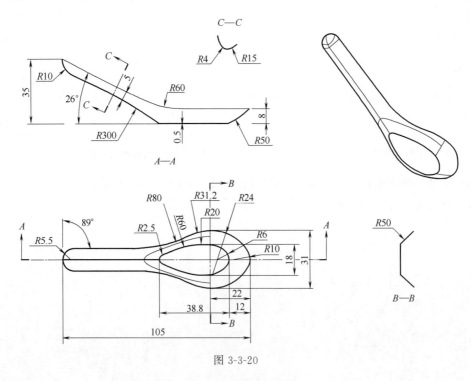

图 3-3-20

项 目 实 战

完成项目图（一）、项目图（二）的曲面造型。

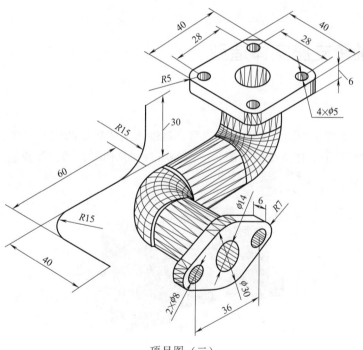

A—A

项目图（一）

项目图（二）

项目四
特征实体造型与变换

◆ 学习目标

特征实体特征的构建为二维草图轮廓延伸到三维实体提供了各种功能，CAXA 制造工程师提供以下几种实体构造功能。

（1）基于草图生成特征实体的造型方法——特征实体造型。分别是拉伸增料、拉伸除料、旋转增料、旋转除料、放样增料、放样除料、导动增料、导动除料等特征造型方法。掌握孔、槽、型腔等特征造型方法。

（2）对实体特征中的零件、面和边的编辑功能，如圆角过渡、倒角、拔模、抽壳、布尔运算等。

（3）对实体特征的变换功能，如拷贝、镜像、阵列等。

（4）学会综合使用 CAXA 制造工程师的特征实体造型命令，绘制多种零件。

任务一　轴承支座实体造型

◆ 任务引入

创建如图 4-1-1 所示的轴承支座实体造型。通过该实体造型的练习，初步学习特征实体造型的方法，掌握特征实体造型的方法——拉伸增料和拉伸除料的操作技能。

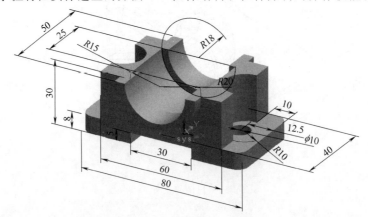

图 4-1-1　轴承支座立体图

◆ 任务指导

轴承支座主要由两部分组成：底盘和座体。

一、主要命令说明

1. 拉伸增料

将一个轮廓曲线根据指定的距离做拉伸操作，用以生成一个增加材料的特征。

（1）单击"特征生成"工具条的"拉伸增料"按钮，弹出"拉伸增料"对话框，如图4-1-2所示。

（2）选取拉伸类型，填入深度拾取草图，单击"确定"完成操作。

【参数】

拉伸类型包括"固定深度""双向拉伸"和"拉伸到面"，如图4-1-3所示。

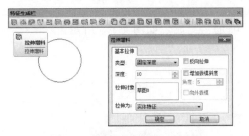

图 4-1-2　"拉伸增料"对话框

图 4-1-3　拉伸类型

- 固定深度：是指按照给定的深度数值进行单向的拉伸，如图4-1-4所示。
- 拉伸对象：是指对需要拉伸的草图的选取。
- 反向拉伸：是指与默认方向相反的方向进行拉伸。

图 4-1-4　固定深度拉伸

- 增加拔模斜度：是指使拉伸的实体带有锥度。
- 角度：是指拔模时母线与中心线的夹角。
- 向外拔模：是指与默认方向相反的方向进行操作，如图4-1-5所示。
- 双向拉伸：是指以草图为中心，向相反的两个方向进行拉伸，深度值以草图为中心平分，可以生成图4-1-6的实体，与图4-1-5原点位置不同。

图 4-1-5　向外拔模　　　　　　　　　　　图 4-1-6　双向拉伸

- 拉伸到面：是指拉伸位置以曲面为结束点进行拉伸，需要选择要拉伸的草图和拉伸到的曲面，如图4-1-7所示。
- 薄壁特征：单击并选择"拉伸为"下拉菜单中的"薄壁特征"，系统会自动弹出"薄壁特征"对话框，如图 4-1-8 所示。

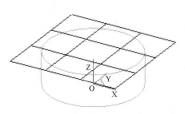

图 4-1-7   拉伸到面

图 4-1-8   "薄壁特征"对话框

选取相应的薄壁类型以及薄壁厚度，单击"确定"完成，如图 4-1-9 所示。

图 4-1-9   五角星的薄壁特征

2. 拉伸除料

将一个轮廓曲线根据指定的距离做拉伸操作，用以生成一个减去材料的特征。

（1）单击"特征生成"工具条的"拉伸除料"按钮，弹出"拉伸除料"对话框，如图 4-1-10 所示。

（2）选取拉伸类型，填入深度，拾取草图，单击"确定"完成操作。

【参数】

拉伸类型包括"固定深度""双向拉伸""拉伸到面"和"贯穿"，如图 4-1-11 所示。

图 4-1-10   "拉伸除料"对话框

图 4-1-11   拉伸类型

• 固定深度：是指按照给定的深度数值进行单向的拉伸，如图 4-1-12 所示。

• 深度：是指拉伸的尺寸值，可以直接输入所需数值，也可以点击按钮来调节。

• 拉伸对象：是指对需要拉伸草图的选取。

• 反向拉伸：是指与默认方向相反的方向进行拉伸。

• 增加拔模斜度：是指使拉伸的实体带有锥度。角度：是指拔模时母线与中心线的夹角。向外拔模：是指与默认方向相反的方向进行操作。如图 4-1-13 所示。

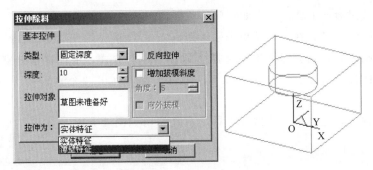

图 4-1-12　固定深度拉伸

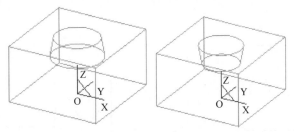

图 4-1-13　增加拔模斜度拉伸

•双向拉伸：是指以草图为中心，向相反的两个方向进行拉伸，深度值以草图为中心平分。贯穿：是指草图拉伸后，将基体整个穿透。拉伸到面：是指拉伸位置以曲面为结束点进行拉伸，需要选择要拉伸的草图和拉伸到的曲面。如图 4-1-14 所示。

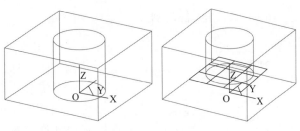

图 4-1-14　双向拉伸

•薄壁特征的除料生成：功能和使用方法基本与拉伸增料中的薄壁特征相同。

二、关键步骤精讲

1. 底盘实体生成

（1）绘制底盘实体草图

① 单击零件特征树的"平面 XY"，选定该平面为草图基准面。

② 选择草图工具 ，进入草图状态。

③ 选择矩形工具，在立即菜单中选择"中心长宽"方式，长度 80，宽度 40，如图 4-1-15所示。

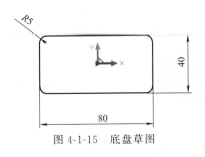

图 4-1-15　底盘草图

图 4-1-16　绘制等距线

④ 选择曲线过渡 r 工具，在立即菜单中选择"圆弧过渡"方式，输入半径 5。

⑤ 选择等距线工具，在立即菜单中输入距离 10，绘制两条等距线，如图 4-1-16 所示。

⑥ 选择画圆工具，在立即菜单中选择"圆心半径"方式，根据提示分别捕捉上一步所画的等距线的中点为圆心点，输入半径 5，按回车键，画出两个直径为 10 的小圆，如图 4-1-17 所示。

⑦ 草图环检查，选择草图环检查工具，系统弹出如图 4-1-18 所示的"草图不存在开口环"的提示。

图 4-1-17　绘制对称小圆

图 4-1-18　草图环检查

图 4-1-19　退出草图

⑧ 当草图不存在开口环时，退出草图状态，选择绘制草图工具，按钮弹起表示已退出草图状态，如图 4-1-19 所示。

（2）生成底盘实体　选择拉伸增料工具，在弹出的对话框中选择"固定深度"方式，拉伸对象为上一步所画的草图。"草图"输入深度值为 8，生成底盘实体，如图 4-1-20 所示。

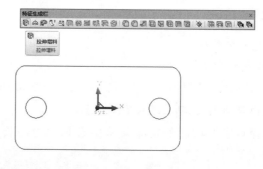

图 4-1-20　底盘实体生成

2. 底盘槽生成

（1）单击零件特征树的"平面 XY"，选定该平面为草图基准面。

（2）选择草图工具，进入草图状态。

（3）选择矩形工具，在立即菜单中选择"中心长宽"方式，长度 30，宽度 40；根据提示选择坐标原点为矩形中心，得到如图 4-1-21 所示的草图。

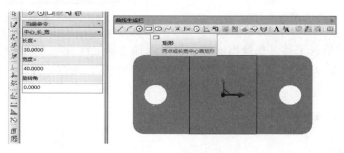

图 4-1-21　绘制矩形草图

（4）选择拉伸除料工具，在弹出的对话框中选择"固定深度"方式，拉伸对象为上一步所画"草图"，输入深度值为 5，按 F8 键在轴测图中观察，反向拉伸，单击"确定"按钮，如图 4-1-22 所示。

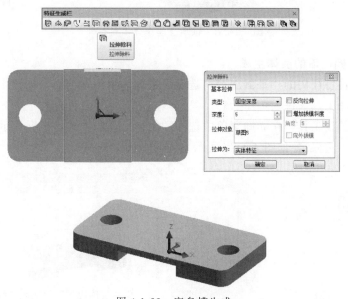

图 4-1-22　底盘槽生成

3. 轴承支座座体的实体生成

（1）单击底盘实体上表面，选定该平面为草图基准面，如图 4-1-23 所示。

（2）选择草图工具，进入草图状态。

（3）选择矩形工具，在立即菜单中选择"中心长宽"方式，长度 60，宽度 40；

（4）选择画圆工具，捕捉上一步所画的矩形宽边中点为圆心点，输入半径 10，按回车键，画出两直径为 20 的圆。

（5）选择曲线裁剪工具，在立即菜单中选择"快速裁剪""正常裁剪"方式，根据提示点选择被裁掉的部分，得到如 4-1-24 图所示的草图。

图 4-1-23 草图基准面

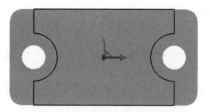

图 4-1-24 轴承支座座体草图

（6）选择拉伸增料工具，在弹出的对话框中选择"固定深度"方式，拉伸对象为上一步所画的"草图"，输入深度值为 22，按 F8 键在轴测图中观察，单击"确定"，效果如图 4-1-25 所示。

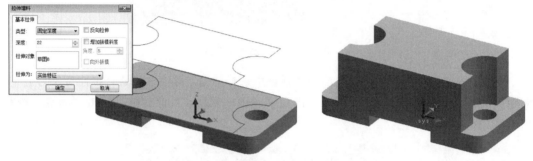

图 4-1-25 轴承支座座体增料拉伸

4. 座体的半圆凸沿的实体生成

（1）单击零件特征树的"平面 XZ"，选定该平面为草图基准面，如图 4-1-26 所示。

（2）选择草图工具，进入草图状态。

（3）选择相关线工具，在立即菜单中选择"实体边界"方式，根据提示选择轴承支座体前上边界（或后上边界），如图 4-1-27 所示。

图 4-1-26 草图基准面

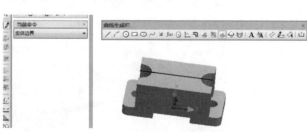

图 4-1-27 用"实体边界"绘制相关线

（4）选择画圆工具，在立即菜单中选择"圆心半径"方式，根据提示分别捕捉上一步所画的实体边界中点为圆心点，输入半径 20，画出直径为 40 的圆，如图 4-1-28 所示。

（5）选择曲线裁剪工具，根据提示点选择被裁掉的部分，得到如图 4-1-29 所示的草图。

图 4-1-28 绘制 φ40 圆

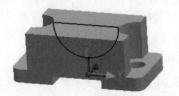

图 4-1-29 裁剪圆草图

（6）选择拉伸增料工具，在弹出的对话框中选择"双向拉伸"方式，拉伸对象为上一步所画的"草图"，输入深度值为 50。拉伸效果如图 4-1-30 所示。

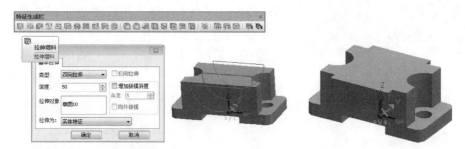

图 4-1-30　座体的半圆凸沿实体生成

5. 轴承支座体 *R*15 圆弧槽的生成

（1）单击零件特征树的"平面 XZ"，选定该平面为草图基准面。

（2）选择草图工具，进入草图状态。

（3）选择画圆工具，拾取上一步所画的半圆凸沿圆弧边界为圆心点，输入半径 15，按回车键，画出直径为 30 的圆，得到如图 4-1-31 所示的草图。

（4）选择拉伸除料工具，拉伸对象为上一步所画的"草图"，按 F8 键在轴测图中观察，单击"确定"按钮，如图 4-1-32 所示。

图 4-1-31　绘制 ϕ30 圆

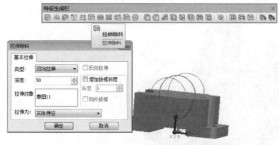

图 4-1-32　*R*15 圆弧槽的生成

6. 轴承支座体 *R*18 圆弧槽的生成

（1）单击零件特征树的"平面 XZ"，选定该平面为草图基准面，如图 4-1-33 所示。

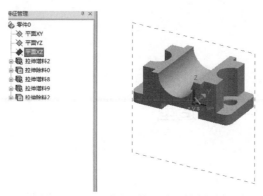

图 4-1-33　*R*18 圆弧槽的草图绘制平面

图 4-1-34   R18 圆弧槽草图

（2）选择草图工具，进入草图状态。

（3）选择画圆工具，拾取上一步所画的半圆凸沿圆弧边界为圆心点，输入半径 18，按回车键，画出直径为 36 的圆，得到如图 4-1-34 所示草图。

（4）选择拉伸除料同工具，选择"双向拉伸"方式，拉伸对象为上一步所画的"草图"，输入深度值为25，得到如图 4-1-35 所示。

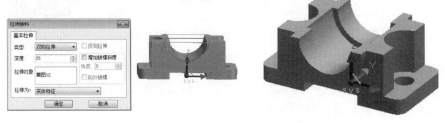

图 4-1-35   R18 圆弧槽的生成

◆ **任务训练**

完成图 4-1-36 所示图形造型。

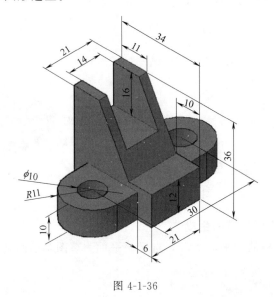

图 4-1-36

任务二　轴类零件实体造型

◆ **任务引入**

创建如图 4-2-1 所示的轴类零件实体造型。通过该实体造型的练习，初步学习轴类零件实体造型的方法，掌握特征实体造型的方法——旋转增料和拉伸除料、构建基本平面的操作技能。

◆ **任务指导**

该零件主要由两部分组成：轴体、键槽。零件如图 4-2-1 所示。

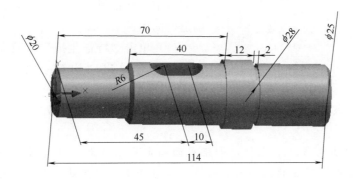

图 4-2-1 典型阶梯轴

一、主要命令说明

1. 旋转增料

通过围绕一条空间直线旋转一个或多个封闭轮廓，增料生成一个特征。

（1）单击"特征生成"工具条的"旋转特征"按钮，弹出"旋转特征"对话框，如图 4-2-2 所示。

（2）选取旋转类型，填入角度，拾取草图和轴线，单击"确定"完成操作。

图 4-2-2 旋转增料对话框

【参数】

旋转类型包括"单向旋转""对称旋转"和"双向旋转"，如图 4-2-3 所示。

• 单向旋转：是指按照给定的角度数值进行单向的旋转，如图 4-2-4 所示。

图 4-2-3 旋转类型

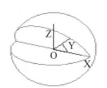

图 4-2-4 单向旋转

• 角度：是指旋转的尺寸值，可以直接输入所需数值，也可以点击按钮来调节。

• 反向旋转：是指与默认方向相反的方向进行旋转。

• 拾取：是指对需要旋转的草图和轴线的选取。

• 对称旋转：是指以草图为中心，向相反的两个方向进行旋转，角度值以草图为中心平分。

注意：轴线是空间曲线，需要退出草图状态后绘制。

图 4-2-5　"构建基准面"对话框

2. 基准面

基准平面是草图和实体赖以生存的平面，它的作用是确定草图在哪个基准面上绘制。基准面可以是特征树中已有的三个基本坐标平面，也可以是实体中生成的某个平面，还可以是通过某特征构造出的面。

（1）单击"特征生成"工具条的"构建基准面"按钮，弹出"构建基准面"对话框，如图 4-2-5 所示。

（2）根据构造条件，需要时填入距离或角度，单击"确定"完成操作。

【参数】

构造平面的方法包括以下几种：等距平面确定基准平面，过直线与平面成夹角确定基准平面，生成曲面上某点的切平面，过点且垂直于直线确定基准平面，过点且平行平面确定基准平面，过点和直线确定基准平面，三点确定基准平面，根据当前坐标系构造基准面。

构造条件中主要是需要拾取的各种元素。

前两种分别包括下面参数。

• 距离：是指生成平面距参照平面的尺寸值，可以直接输入所需数值，也可以点击按钮来调节。向相反方向，是指与默认的方向相反的方向。

• 角度：是指生成平面与参照平面的所夹锐角的尺寸值，可以直接输入所需数值，也可以点击按钮来调节。

二、关键步骤精讲

1. 生成轴体实体的生成

（1）单击零件特征树的"平面 XY"，选定该平面为草图基准面。

（2）选择草图工具 🖉，进入草图状态。

（3）选择直线工具，在立即菜单中选择"两点线长度"方式，分别输入图 4-2-6 所示的长度。

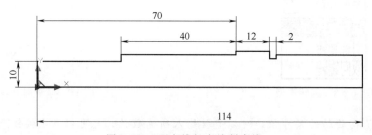

图 4-2-6　两点线长度绘制直线

（4）选择曲线过渡 r 工具，在立即菜单中选择"倒角"方式，输入角度 45，距离 1.5，如图 4-2-7 所示。

（5）完成轴体草图绘制，选择单击草图工具，退出草图状态；沿着 X 轴绘制轴线。

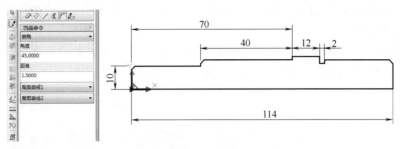

图 4-2-7　倒角

（6）选择旋转增料工具，在弹出的对话框中选择"单向旋转"方式，拾取对象为上一步所画的"草图和轴线"，角度值为 360，如图 4-2-8 所示。

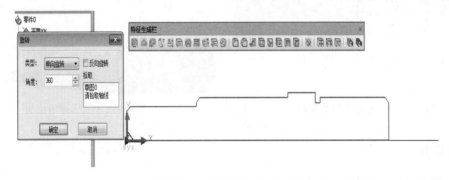

图 4-2-8　选择旋转增料工具

（7）完成轴体实体如图 4-2-9 所示。

图 4-2-9　目标轴的三维效果图

图 4-2-10　构造基准平面

2. 生成键槽

（1）构造基准平面：选择菜单"造型"—"特征生成"—"基准面"命令，在弹出的对话框中选择取第一个构造方法："等距平面确定基准平面"。在"距离"中输入 12.5，在"构造条件"拾取平面，单击零件特征树的"平面 XZ"，构建基准平面 3，如图 4-2-10 所示。

（2）在该对话框中选择所需的构造方式，依照"构造方法"下的提示做相应操作，这个基准面就做好了。

（3）选定该平面为草图基准面，选择草图工具，进入草图状态；绘制图 4-2-11 所示的草图（按尺寸绘制）。

（4）退出草图，选择拉伸除料工具，拉伸对象为上一步所画的"草图"，按 F8 键在轴测图中观察，单击"确定"按钮，完成键槽绘制，如图 4-2-12 所示。

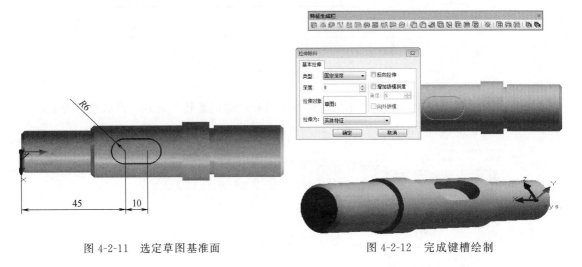

图 4-2-11　选定草图基准面　　　　　图 4-2-12　完成键槽绘制

◆ **任务训练**

完成图 4-2-13 所示轴的建模。

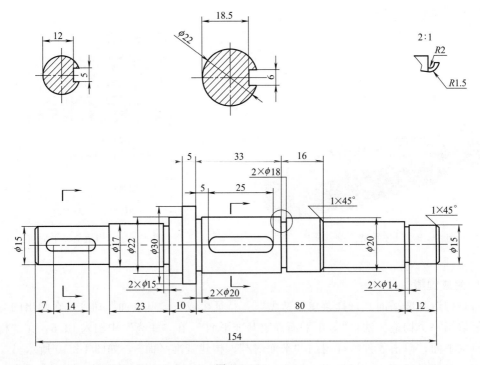

图 4-2-13

任务三　底座实体造型

◆ 任务引入

创建如图 4-3-1 所示的底座实体造型。通过该实体造型的练习，初步学习底座实体造型的方法，掌握特征实体造型的方法——放样增料和放样除料的操作技能。

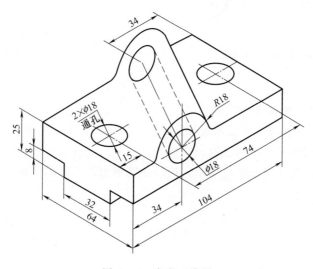

图 4-3-1　底座三维图

◆ 任务指导

该零件主要由两部分组成：基本底座实体、上凸台实体。零件如图 4-3-1 所示。

一、主要命令说明

1. 放样增料

根据多个截面线轮廓生成一个实体，截面线应为草图轮廓。

单击"特征生成"工具条的"放样增料"按钮，弹出"放样增料"的对话框，如图4-3-2所示。

【参数】

• 轮廓：是指对需要放样的草图。

• 上和下：是指放样拾取草图的顺序。

注意：① 轮廓按照操作中的拾取顺序排列。

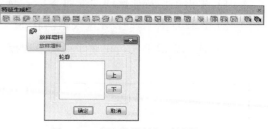

图 4-3-2　"放样增料"对话框

② 拾取轮廓时，要注意状态栏指示，拾取不同的边，不同的位置，会产生不同的结果，如图 4-3-3 所示。

2. 放样除料

根据多个截面线轮廓移出一个实体。截面线应为草图轮廓。

单击"特征生成"工具条的"放样除料"按钮，弹出"放样除料"的对话框，如图 4-3-4 所示。

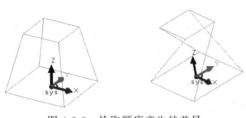

图 4-3-3　拾取顺序产生的差异

图 4-3-4　"放样除料"对话框

【参数】

- 轮廓：是指对需要放样的草图。
- 上和下：是指放样拾取草图的顺序。

注意： ① 轮廓按照操作中的拾取顺序排列。

② 拾取轮廓时，要注意状态栏指示，拾取不同的边，不同的位置，会产生不同的结果，如图 4-3-5 所示。

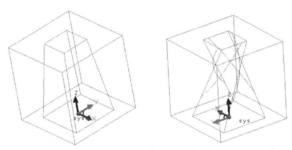

图 4-3-5　拾取顺序差异

二、关键步骤精讲

1. 基本底座实体的生成

（1）单击零件特征树的"平面 XY"，选定该平面为草图基准面。

（2）选择草图工具 ，进入草图状态。

（3）选择矩形工具，在立即菜单中选择"中心长宽"方式，长度 104，宽度 32；根据提示选择坐标原点为矩形中心，得到如图 4-3-6 所示的草图 0。

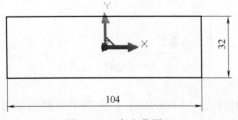

图 4-3-6　底座草图 0

（4）选择拉伸增料工具，在弹出的对话框中选择"固定深度"方式，拉伸对象为上一步所画的草图。"草图"输入深度值为 8，生成底座实体，得到如图 4-3-7 所示。

（5）单击上一步生成"底座实体"上顶面，

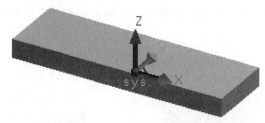

图 4-3-7　底座凸起拉伸增料

选定该平面为草图基准面。

（6）选择草图工具，进入草图状态。

（7）选择矩形工具，在立即菜单中选择"中心长宽"方式，长度 104，宽度 64；根据提示选择坐标原点为矩形中心，得到如图 4-3-8 所示的草图 1。

（8）选择拉伸增料工具，在弹出的对话框中选择"固定深度"方式，拉伸对象为上一步所画的草图，输入深度值为 17，生成底座实体，如图 4-3-9 所示。

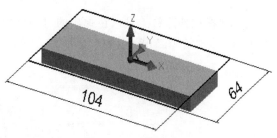

图 4-3-8　底座草图 1

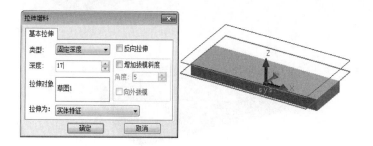

图 4-3-9　生成底座实体

2. 底座实体圆孔的生成

（1）单击上一步生成"底座实体"上顶面，选定该平面为草图基准面。

图 4-3-10　底座边界线

（2）选择草图工具，进入草图状态。

（3）选择"相关线"工具，在立即菜单中选择"实体边界"方式，单击上顶面外边界线，如图 4-3-10 所示。

（4）选择"等距线"工具，在立即菜单中选择"单根曲线"方式，距离分别输入 15、32、15，单击上步所作外边界线，如图 4-3-11 所示。

（5）拾取上一步所画的直线交点为圆心点，输入半径 9，按回车键，画出直径为 18 的圆，得到如 4-3-12 图所示草图 2。

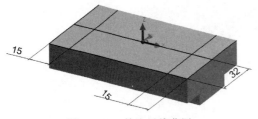

图 4-3-11　外边界线草图

图 4-3-12　预置孔草图 2

（6）选择拉伸除料工具，在弹出的对话框中选择"固定深度"方式，拉伸对象为上一步所画的草图。"草图"输入深度值为 25，单击"确定"，生成底座实体圆孔，如图 4-3-13 所示。

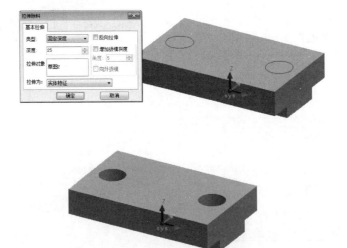

图 4-3-13　生成底座实体圆孔

3. 上凸台实体的生成

（1）单击"底座实体"前侧面，选定该平面为草图基准面。

（2）选择草图工具，进入草图状态。

（3）选择"相关线"工具，在立即菜单中选择"实体边界"方式，单击前侧面左边界线，如图 4-3-14 所示。

（4）选择"等距线"工具，在立即菜单中选择"实体边界"方式，距离输入 34，单击上步所作外边界线，如图 4-3-15 所示。

图 4-3-14 底座边界

图 4-3-15 绘制等距线

（5）拾取上一步所画的直线上端点为圆心点，输入半径 18，按回车键，画出直径为 36 的半圆，得到如图 4-3-16 所示草图 3。

（6）单击"底盘实体"后侧面，选定该平面为草图基准面。

（7）选择草图工具，进入草图状态。

（8）选择"相关线"工具，在立即菜单中选择"实体边界"方式，单击后侧面右边界线。

（9）选择"等距线"工具，在立即菜单中选择"实体边界"方式，距离输入 34，单击上步所作外边界线，如图 4-3-17 所示。

图 4-3-16 底座草图 3

（10）拾取上一步所画的直线上端点为圆心点，输入半径 18，按回车键，画出直径为 36 的半圆，得到如 4-3-18 图所示草图 4。

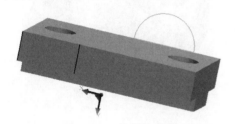

图 4-3-17 绘制边界线

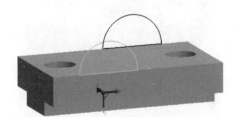

图 4-3-18 底座草图 4

（11）退出草图 4，选择放样增料工具，上轮廓选为"草图 3"，下轮廓选为"草图 4"，按 F8 键在轴测图中观察，单击"确定"按钮，完成上凸台实体的绘制，如图 4-3-19 所示。

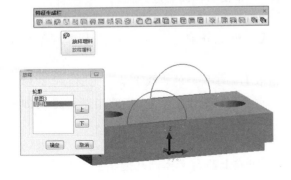

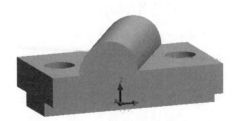

图 4-3-19 拾取草图 1

4. 上凸台实体圆孔的生成

（1）单击"底座实体"前侧面，选定该平面为草图基准面，如图 4-3-20 所示。

（2）选择草图工具，进入草图状态。

（3）选择"相关线"工具，在立即菜单中选择"实体边界"方式，单击前侧面左边界线，如图 4-3-21 所示。

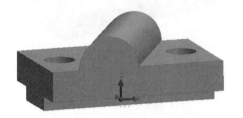

图 4-3-20 草图基准面

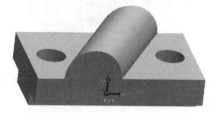

图 4-3-21 拾取相关线

（4）选择"等距线"工具，在立即菜单中选择"实体边界"方式，距离输入 34，单击上步所作外边界线，如图 4-3-22 所示。

（5）拾取上一步所画的直线上端点为圆心点，输入半径 9，按回车键，画出直径为 18 的半圆，得到如图 4-3-23 所示草图 5。

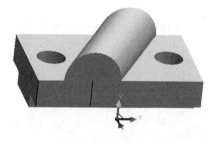

图 4-3-22 等距线

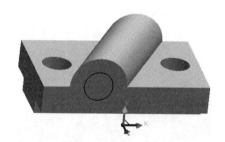

图 4-3-23 底座草图 5

（6）单击"底座实体"后侧面，选定该平面为草图基准面。

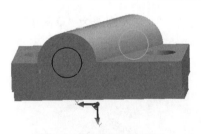

图 4-3-24 预放样草图 6

（7）选择草图工具，进入草图状态。

（8）选择"相关线"工具，在立即菜单中选择"实体边界"方式，单击后侧面右边界线。

（9）选择"等距线"工具，在立即菜单中选择"实体边界"方式，距离分别输入 34，单击上步所作外边界线。

（10）拾取上一步所画的直线上端点为圆心点，输入半径 9，按回车键，画出直径为 18 的半圆，得到如图 4-3-24 所示草图 6。

（11）退出草图 6，选择放样除料工具，上轮廓选为"草图 5"，下轮廓选为"草图 6"，按 F8 键在轴测图中观察，单击"确定"按钮，完成上凸台实体圆孔的绘制，如图 4-3-25 所示。

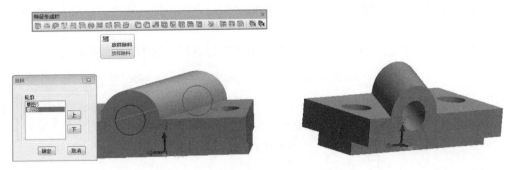

图 4-3-25　拾取草图

◆ **任务训练**

完成图 4-3-26 所示零件的建模。

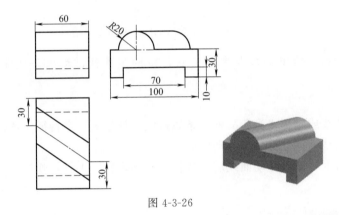

图 4-3-26

任务四　六角螺栓的实体造型

◆ **任务引入**

创建如图 4-4-1 所示的六角螺栓的实体造型。通过该实体造型的练习，初步学习底座六角螺栓的实体造型的方法，掌握特征实体造型的方法——拉伸增料、旋转除料、倒角和导动除料的操作技能。

◆ **任务指导**

该零件主要由三部分组成：螺栓六角头、螺栓杆、螺栓杆螺纹。零件如图 4-4-1 所示。

一、主要命令说明

1. 公式曲线

公式曲线是数学表达式的曲线图形，也就是根据数学公式（或参数

图 4-4-1　六角螺栓实体造型

表达式）绘制出相应的数学曲线，公式的给出既可以是直角坐标形式的，也可以是极坐标形式的。

（1）选择"曲线生成"工具，弹出"公式曲线"对话框，如图 4-4-2 所示。

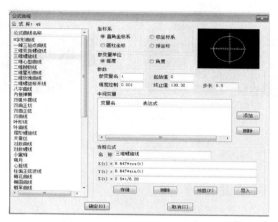

图 4-4-2 "公式曲线"对话框

（2）选择坐标系，给出参数及参数方式，按确定按钮，给出公式曲线定位点，完成操作。

2. 导动增料

将某一截面曲线或轮廓线沿着另外一条轨迹线运动生成一个特征实体。截面线应为封闭的草图轮廓，截面线的运动形成了导动曲面。

（1）绘制完截面草图和导动曲线后，选择"导动增料"工具，弹出"导动"对话框，如图 4-4-3 所示。

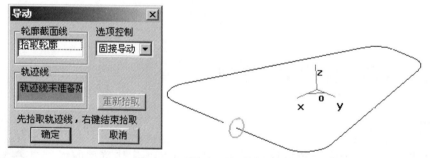

图 4-4-3 "导动"对话框及预览

（2）按照对话框中的提示"先拾取轨迹线，右键结束拾取"，先用鼠标左键点取导动线的起始线段，根据状态栏提示"确定链搜索方向"，单击鼠标左键确认拾取完成。

二、关键步骤精讲

1. 螺栓六角头基本命令实体生成

（1）单击零件特征树的"平面 XY"，选定该平面为草图基准面。选择草图工具，进入草图状态。

（2）选择正多边形工具，在立即菜单中选择"中心内接"方式；根据提示拾取坐标原点为正六边形中心，输入半径 15，如图 4-4-4 所示。

（3）选择拉伸增料工具，在弹出的对话框中输入深度值
12.5，拔模角度值 0，单击"确定"按钮，如图 4-4-5 所示。

2. 拉伸增料生成螺栓杆

（1）单击螺栓六角头实体的上表面，选择草图工具，进
入草图状态。

（2）选择圆形工具，在立即菜单中选择"圆心点半径"，
圆心为根据提示拾取坐标原点，半径为 10，如图 4-4-6 所示。

（3）选择拉伸增料工具，在弹出的对话框中输入深度值
80，拔模角度值 0，单击"确定"按钮。效果如图 4-4-7
所示。

图 4-4-4　绘制六边形

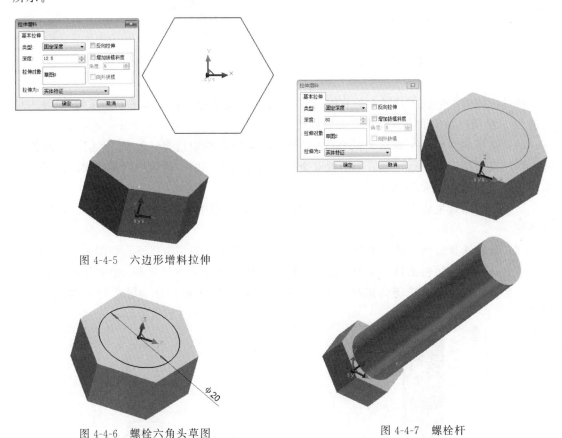

图 4-4-5　六边形增料拉伸

图 4-4-6　螺栓六角头草图

图 4-4-7　螺栓杆

3. 螺栓杆螺纹的生成

（1）绘制螺旋线，选择曲线生成工具栏上的公式曲线/工具，在弹出的对话框中，公式
曲线选择三维螺旋线 $X(t)-8.647\cos(t)$，$Y(t)=8.647\sin(t)$，$Z(t)=2.5t/6.28$，选择直
角坐标系→弧度→输入"参变量名"t→输入"起始值"0→输入"终止值"，130.32 →精度
值输入 0.001，如图 4-4-8 所示。

单击"确定"按钮，输入螺旋线起点坐标（0，0，37），效果如图 4-4-9 所示。

（2）绘制截面线草图，单击零件特征树的"平面 XZ"，选定该平面为草图基准面。选择
草图工具，进入草图状态。

图 4-4-8 "公式曲线"对话框

图 4-4-9 螺旋导动线

（3）选择曲线生成工具栏上的直线/工具，在立即菜单中选择"水平＋铅垂线"，输入长度值 20，根据提示拾取直线的中点位螺旋线下端。

（4）选择曲线生成工具栏上的直线/工具，在立即菜单中选择"X 轴夹角"、角度值为 60，系统提示拾取第一点，然后单击拾取交点，长度任意，单击确认得到斜直线。同样方法绘制角度值为－60 的斜直线。

（5）选择曲线生成工具栏上的直线/工具，在立即菜单中选择"两点线点方式"，靠近实体外侧。

（6）分别选择裁剪工具和删除工具，裁剪除小三角形外的多余线段，如图 4-4-10 所示。

（7）选择导动除料工具，在弹出的对话框中选择"固接导动"方式，拾取导动除料对象为上步生成的三角形、轨迹线选择螺旋线，单击"确定"按钮，导动除料效果如图 4-4-11 所示。

图 4-4-10 线段修整

图 4-4-11 螺栓导动除料效果图

◆ **任务训练**

完成图 4-4-12 所示零件的建模。

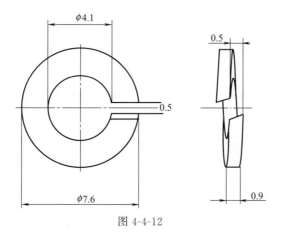

图 4-4-12

任务五 连杆实体造型

◆ 任务引入

创建如图 4-5-1 所示的连杆的实体造型。通过该实体造型的练习，进一步学习特征实体造型的方法，掌握特征实体造型的方法——拉伸增料、旋转除料及实体过渡等操作技能。

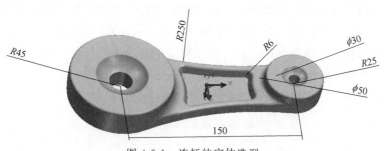

图 4-5-1 连杆的实体造型

◆ 任务指导

该零件主要由三部分组成：基本拉伸实体、大小凸台、大小凹坑。零件如图 4-5-1 所示。

一、主要命令说明

倒角

倒角是指对实体的棱边进行光滑过渡。

（1）单击"特征生成"工具条的"倒角"按钮，弹出倒角对话框，如图 4-5-2 所示。

（2）填入距离和角度，拾取需要倒角的元素，单击"确定"完成操作。

图 4-5-2 "倒角"对话框

【参数】

- 距离：是指倒角边的尺寸值，可以直接输入所需数值，也可以点击按钮来调节。
- 角度：是指所倒角度的尺寸值，可以直接输入所需数值，也可以点击按钮来调节。
- 需倒角的元素：是指对需要过渡实体上的边的选取。
- 反方向：是指与默认方向相反的方向进行操作，分别按照两个方向生成实体，如图 4-5-3 和图 4-5-4 所示。

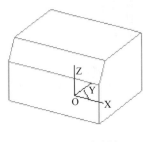

图 4-5-3 Z 向倒角

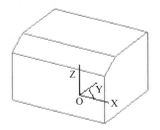

图 4-5-4 Y 向倒角

二、关键步骤精讲

1. 基本拉伸实体的生成

（1）单击零件特征树的"平面 XY"，选定该平面为草图基准面。选择草图工具，进入草图状态。

（2）选择画圆工具，在立即菜单中选择"圆心半径"方式，按"Enter"键分别输入圆心坐标（75，0，0），半径 $R=25$；圆心坐标（−75，0，0），半径 $R=45$，绘制整圆。

（3）绘制相切圆弧。选择画圆工具，在立即菜单中选择"两点半径"方式，设置半径 R 为 250，完成两条相切圆弧。

（4）裁剪多余的线段。得到如图 4-5-5 所示的草图。

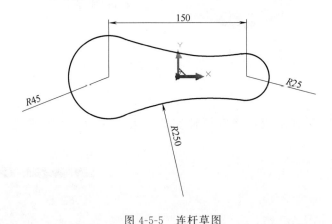

图 4-5-5 连杆草图

（5）利用拉伸增料生成拉伸实体，选择特征工具栏上的拉伸增料工具，在弹出"拉伸"对话框中设置"深度"为 10，选中"增加拔模斜度"复选框，设置拔模角度为 5°，并单击"确定"按钮，结果如图 4-5-6 所示。

2. 拉伸小凸台

（1）单击上步生成的基本拉伸实体的上表面，选定该平面为草图基准面，单击草图工具，进入草图状态。

（2）选择画圆工具，在立即菜单中选择"圆心半径"方式，圆心为基本拉伸实体上表面的小圆弧的圆心，半径与之相同，如图4-5-7所示。

图 4-5-6　拉伸增料生成连杆草图　　　　　　　　图 4-5-7　小凸台草图

（3）选择绘制草图工具，退出草图状态。然后选择拉伸增料工具，在弹出的"拉伸"对话框中设置"深度"为10，拔模角度为5°，并单击"确定"按钮，结果如图4-5-8所示。

图 4-5-8　小凸台拉伸增料

3. 拉伸大凸台

（1）单击基本拉伸实体的上表面，选定该平面为草图基准面，单击草图工具，进入草图状态。

（2）选择画圆工具，在立即菜单中选择"圆心半径"方式，圆心为基本拉伸实体上表面的大圆弧的圆心，半径与之相同，如图4-5-9所示。

图 4-5-9　大凸台草图

（3）选择绘制草图工具，退出草图状态。然后选择拉伸增料工具，在弹出的"拉伸"对话框中设置"深度"为15，拔模角度为5°，生成大凸台，并单击"确定"按钮，结果如图4-5-10所示。

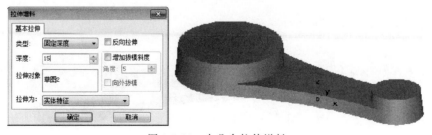

图 4-5-10　大凸台拉伸增料

4．小凸台凹坑

（1）单击零件特征树的"平面 XZ"，选定该平面为草图基准面，单击草图工具，进入草图状态。

（2）选择直线工具，在立即菜单中选择"两点线长度"方式，输入长度值 20，根据提示拾取坐标原点，如图 4-5-11 所示。

（3）选择"等距线"工具，在立即菜单中选择"单根曲线"方式，距离输入 75，如图 4-5-11 所示

（4）选择画圆工具，在立即菜单中选择"圆心半径"方式，圆心拾取上步等距直线的末点，半径 $R=15$ 作圆，如图 4-5-12 所示。

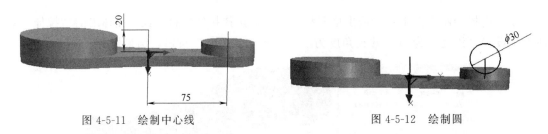

图 4-5-11　绘制中心线　　　　　　　　　图 4-5-12　绘制圆

（5）选择直线工具，在立即菜单中选择"两点线点"方式，绘制上步所作圆的直径，如图 4-5-13 所示。

（6）选择裁剪工具，裁剪掉直径的两端和圆的上半部分；选择删除工具，删除多余直线，如图 4-5-14 所示。

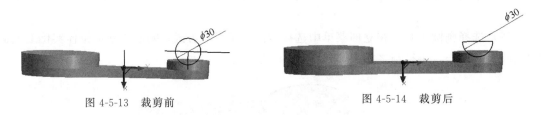

图 4-5-13　裁剪前　　　　　　　　　　　图 4-5-14　裁剪后

（7）单击草图工具，退出草图状态。

（8）作与半圆直径完全重合的空间直线。如图 4-5-15 所示。

图 4-5-15　旋转除料草图

（9）选择旋转除料工具，在弹出的对话框中选择单向旋转、角度 360°，草图拾取上步所作的半圆，轴线拾取空间直线，单击"确定"按钮。效果如图 4-5-16所示。

图 4-5-16　小凸台凹坑效果图

5. 大凸台凹坑

（1）单击零件特征树的"平面 XZ"，选定该平面为草图基准面，单击草图工具，进入草图状态。

（2）选择直线工具，在立即菜单中选择"两点线长度"方式，输入长度值 35，根据提示拾取坐标原点，如图 4-5-17 所示。

（3）选择"等距线"工具，在立即菜单中选择"单根曲线"方式，距离输入 75，如图 4-5-17 所示。

（4）选择画圆工具，在立即菜单中选择"圆心半径"方式，圆心拾取上步等距直线的末点，半径 $R=30$ 作圆，如图 4-5-18 所示。

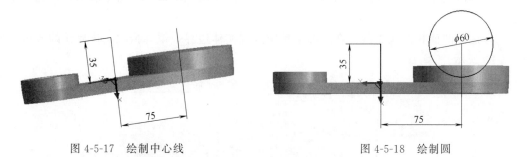

图 4-5-17 绘制中心线   图 4-5-18 绘制圆

（5）选择直线工具，在立即菜单中选择"两点线点"方式，绘制上步所作圆的直径，如图 4-5-19 所示。

（6）选择裁剪工具，裁剪掉直径的两端和圆的上半部分；选择删除工具，删除多余直线，如图 4-5-20 所示。

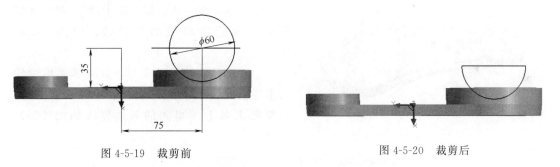

图 4-5-19 裁剪前   图 4-5-20 裁剪后

（7）单击草图工具，退出草图状态。

（8）作与半圆直径完全重合的空间直线。如图 4-5-21 所示。

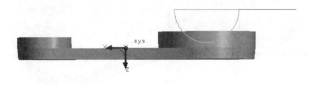

图 4-5-21 旋转除料草图

（9）选择旋转除料工具，在弹出的对话框中选择单向旋转、角度 360°，草图拾取上步所作的半圆，轴线拾取空间直线，单击"确定"按钮。效果如图 4-5-22 所示。

图 4-5-22　大凸台凹坑效果图

6. 基本拉伸实体上表面凹坑

（1）单击基本拉伸实体的上表面，选定该平面为草图基准面，单击草图工具，进入草图状态。

（2）选择曲面相关线工具，在立即菜单中选择实体边界，鼠标拾取实体界线的各边，如图 4-5-23 所示。

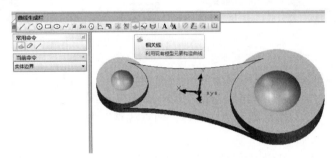

图 4-5-23　利用相关线工具绘制草图

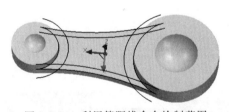

图 4-5-24　利用等距线命令绘制草图

（3）等距线生成。以等距半径 10 和 6 分别作刚生成的边界线的等距线，如图 4-5-24 所示。

（4）选择曲线过渡工具，在立即菜单中输入半径值 6，对等距生成的曲线作过渡，并选择删除工具上步得到的各边界线如图 4-5-25 所示。

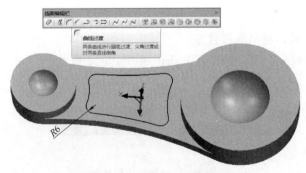

图 4-5-25　绘制不规则草图

（5）选择绘制草图工具，退出草图状态。然后选择拉伸除料工具，在弹出的"拉伸"对话框中设置"深度"为 6，拔模角度为 30°，并单击"确定"按钮，结果如图 4-5-26 所示。

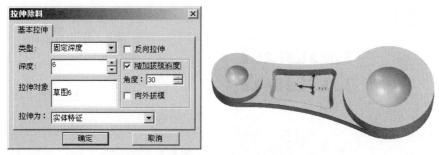

图 4-5-26 拉伸除料结果图

7. 过渡生成

（1）选择过渡工具，在对话框中输入半径值 10，用鼠标点取大凸台和基本拉伸实体的交线，单击"确定"，结果如图 4-5-27 所示。

图 4-5-27 过渡生成过程

（2）选择过渡工具，在对话框中输入半径值 5，用鼠标点取小凸台和基本拉伸实体的交线，单击"确定"，结果如图 4-5-28 所示。

（3）选择过渡工具，在对话框中输入半径值 3，用鼠标点取所有棱边，单击"确定"，结果如图 4-5-28 所示。

图 4-5-28 过渡效果图

8. 打孔

（1）打连杆大头孔：选择打孔工具，在弹出的对话框中，选择第一种孔的类型方式，选取基本拉伸实体的下表面为打孔平面，孔的定位点拾取连杆大头圆的圆心，单击"下一步"按钮，弹出"孔的参数"对话框，选择通孔，输入直径值 20，单击"完成"，结果如图 4-5-29所示。

（2）打连杆小头孔：选择打孔工具，在弹出的对话框中，选择第一种孔的类型方式，选

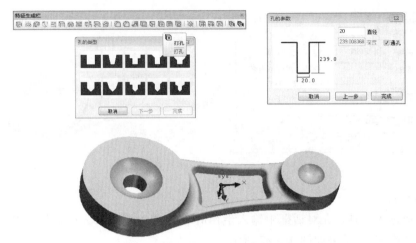

图 4-5-29　打大头孔过程说明

取基本拉伸实体的下表面为打孔平面，孔的定位点拾取连杆大头圆的圆心，单击"下一步"按钮，弹出"孔的参数"对话框，选择通孔，输入直径值 10，单击"完成"，结果如图 4-5-30 所示。

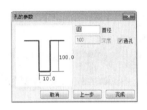

图 4-5-30　打小头孔过程说明

◆ **任务训练**

完成图 4-5-31 线框造型。

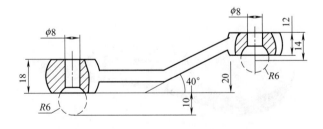

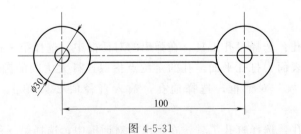

图 4-5-31

任务六 烟灰缸实体造型

◆ 任务引入

创建如图 4-6-1 所示的烟灰缸实体造型。通过该实体造型的练习,初步学习烟灰缸实体造型的方法,掌握特征实体造型的方法——拉伸增料、放样增料、倒角和放样除料的操作技能。

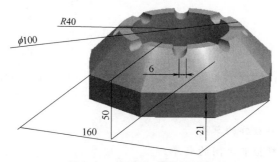

图 4-6-1 烟灰缸实体效果图

◆ 任务指导

该零件主要由以下几个部分组成,分别为底部、体部、腔部、沿部、底部凹坑,零件如图 4-6-1 所示。

一、主要命令说明

1. 放样增料

根据多个截面线轮廓生成一个实体。截面线应为草图轮廓。

单击"特征生成"工具条的"放样增料"按钮,弹出"放样增料"对话框,如图 4-6-2 所示。

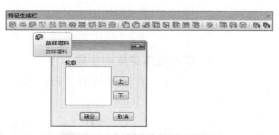

图 4-6-2 "放样增料"对话框

【参数】

• 轮廓:是指对需要放样的草图。

• 上和下:是指放样拾取草图的顺序。

注意:① 轮廓按照操作中的拾取顺序排列。

② 拾取轮廓时，要注意状态栏指示，拾取不同的边，不同的位置，会产生不同的结果，如图 4-6-3 所示。

2. 放样除料

根据多个截面线轮廓移出一个实体，截面线应为草图轮廓。

单击"特征生成"工具条的"放样除料"按钮，弹出"放样除料"对话框，如图 4-6-4 所示。

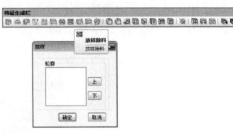

图 4-6-3　放样增料选择产生差异　　　　　图 4-6-4　"放样除料"对话框

【参数】

• 轮廓：是指对需要放样的草图。

• 上和下：是指放样拾取草图的顺序。

注意： ① 轮廓按照操作中的拾取顺序排列。

② 拾取轮廓时，要注意状态栏指示，拾取不同的边，不同的位置，会产生不同的结果，如图 4-6-5 所示。

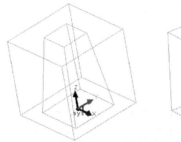

图 4-6-5　放样除料选择产生差异

二、关键步骤精讲

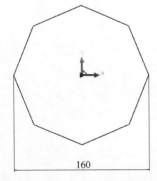

图 4-6-6　正多边形草图 0

1. 基本底座实体的生成

（1）单击零件特征树的"平面 XY"，选定该平面为草图基准面。

（2）选择草图工具 ，进入草图状态。

（3）选择正多边形工具，在立即菜单中选择"中心内接"方式，半径 80；根据提示选择坐标原点为多边形中心，得到如图 4-6-6 所示的草图 0。

（4）选择拉伸增料工具，在弹出的对话框中选择"固定深度"方式，拉伸对象为上一步所画的"草图 0"，输入深度值为

21，得到如图 4-6-7 所示的底盘实体。

2. 放样增料生成体部实体

（1）单击上步生成的底盘实体的上表面，选定该平面为草图基准面，单击草图工具，进入草图状态。

（2）选择相关线工具，在立即菜单中选择"实体边界"，根据提示，选择底盘外边界，得到草图 1，效果如图 4-6-8 所示。

图 4-6-7　烟灰缸底盘实体

图 4-6-8　利用实体边界生成草图 1

（3）构造基准平面：选择菜单"造型"—"特征生成"—"基准面"命令，在弹出的对话框中选择取第一个构造方法："等距平面确定基准平面"。在"距离"中输入 50，在"构造条件"拾取平面，单击零件特征树的"平面 XY"，构建基准平面 4。

（4）单击零件特征树的上一步构造的"平面 4"，选定该平面为草图基准面。

（5）选择草图工具，进入草图状态。绘制图 4-6-9 所示的草图 2。

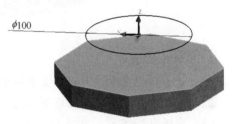

图 4-6-9　绘制放样草图 2

（6）退出草图 2，选择放样增料工具，上轮廓选为"草图 1"，下轮廓选为"草图 2"，按 F8 键在轴测图中观察，单击"确定"按钮，完成体部实体的绘制，效果如图 4-6-10 所示。

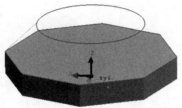

图 4-6-10　放样过程说明

3. 放样除料生成腔部实体

（1）单击实体上表面，选定该平面为草图基准面。

（2）选择草图工具，进入草图状态。

（3）绘制图 4-6-11 所示的草图 3。

（4）构造基准平面：选择菜单"造型"—"特征生成"—"基准面"命令，在弹出的对话框中选择取第一个构造方法："等距平面确定基准平面"。在"距离"中输入 10，在"构造条件"拾取平面，单击零件特征树的"平面 XY"，构建基准平面 5。

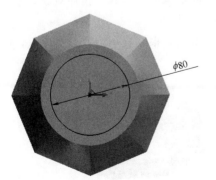

图 4-6-11　预放样除料草图 3

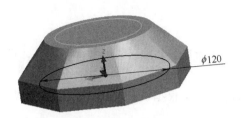

图 4-6-12　预放样除料草图 4

（5）单击零件特征树的上一步构造的"平面5"，选定该平面为草图基准面。

（6）选择草图工具，进入草图状态。

（7）绘制图 4-6-12 所示的草图 4。

（8）退出草图 4，选择放样除料工具，上轮廓选为"草图 3"，下轮廓选为"草图 4"，按 F8 键在轴测图中观察，单击"确定"按钮，完成体部实体的绘制，效果如图 4-6-13 所示。

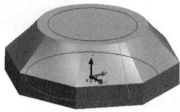

图 4-6-13　放样除料效果

4. 拉伸除料生成沿上的槽

（1）单击体部实体侧表面，选定该平面为草图基准面，如图 4-6-14 所示。

（2）选择草图工具，进入草图状态。

（3）选择直线工具，在立即菜单中选择"两点线长度"方式，输入长度值 50，根据提示拾取坐标原点，绘制如图 4-6-15 所示草图 5 的直线。

（4）任拾取上一步所画的直线上端点为圆心点，输入半径 6，按回车键，画出直径为 12 的半圆，得到如图 4-6-16所示草图 6。

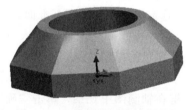

图 4-6-14　选择草图绘制基准面

图 4-6-15　绘制中心线草图 5

图 4-6-16　预除料草图 6

（5）选择拉伸除料同工具，在弹出的对话框中选择"固定深度"方式，拉伸对象为上一步所画的"草图 6"，输入深度值为 40。拉伸效果如图 4-6-17 所示。

（6）选择直线工具，在立即菜单中选择"两点线点"方式，根据提示拾取坐标原点，绘制与 Z 轴重合的直线，如图 4-6-18 所示。

图 4-6-17　拉伸效果图

图 4-6-18　绘制阵列中心线

（7）选择环形阵列工具，在弹出的对话框阵列对象选择上一步除料拉伸的槽，基准轴选择上步所绘与 Z 轴重合的直线，角度 45°，数目 8，设置如图 4-6-19 所示的参数。

（8）单击"确定"，完成烟灰缸实体造型，效果如图 4-6-20 所示。

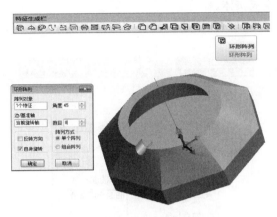

图 4-6-19 阵列　　　　　　　　　　　图 4-6-20 完成烟灰缸实体造型

◆ **任务训练**

完成图 4-6-21、图 4-6-22 造型设计，尺寸自拟。

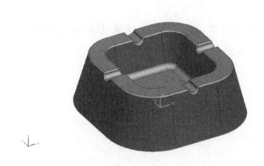

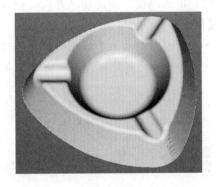

图 4-6-21　　　　　　　　　　　　　图 4-6-22

任务七　车标实体造型

◆ **任务引入**

创建如图 4-7-1 所示的奔驰车标实体造型。通过该实体造型的练习，初步学习奔驰车标实体造型的方法，掌握特征实体造型的方法——拉伸增料、曲面加厚、倒角的操作技能。

◆ **任务指导**

奔驰车标实体主要由两部分组成：底盘和三角星实体，零件如图 4-7-1 所示。

一、主要命令说明

曲面加厚增料

对指定的曲面按照给定的厚度和方向进行生成实体。

（1）单击"特征生成栏"工具条的"曲面加厚增料"按钮，弹出"曲面加厚"对话框，如图 4-7-2 所示。

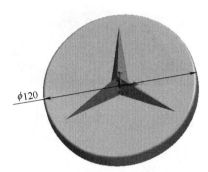

图 4-7-1　奔驰车标实体造型

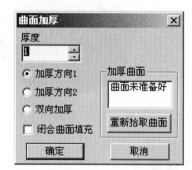

图 4-7-2　"曲面加厚"对话框

（2）填入厚度，确定加厚方向，拾取曲面，单击"确定"完成操作。

【参数】

• 厚度：是指对曲面加厚的尺寸，可以直接输入所需数值，也可以点击按钮来调节。

• 加厚方向 1：是指曲面的法线方向，生成实体如图 4-7-3 所示。

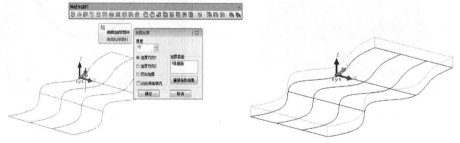

图 4-7-3　曲面法线加厚

• 加厚方向 2：是指与曲面法线相反的方向，生成实体如图 4-7-4 所示。

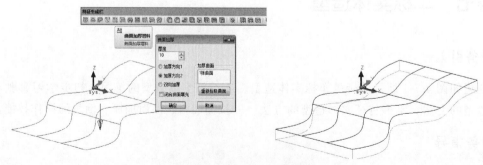

图 4-7-4　曲面法线反向加厚

● 双向加厚：是指从两个方向对曲面进行加厚，生成实体如图 4-7-5 所示。

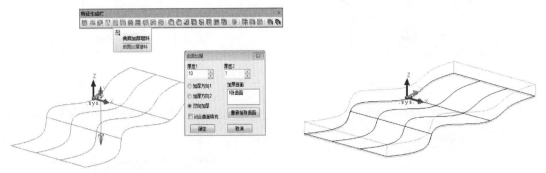

图 4-7-5 曲面双向加厚

● 加厚曲面：是指需要加厚的曲面。

● 闭合曲面填充：将封闭的曲面生成实体。

在对话框中选择适当的精度，按照系统提示，拾取所有曲面，单击"确定"完成，如图 4-7-6 所示。

二、关键步骤精讲

1. 作三角星实体

（1）绘制三角星线架，选择画圆工具，拾取坐标原点为圆心点，分别输入半径 7.5、50，按回车键，分别画出直径 15、100 的圆，如图 4-7-7 所示。

（2）选择直线工具，在立即菜单中选择"角度线 X 轴夹角"方式，分别输入角度值 30°、－30°，根据提示拾取坐标原点，绘制如图 4-7-8 所示的角度线。

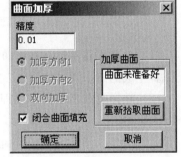

图 4-7-6 "曲面加厚"对话框

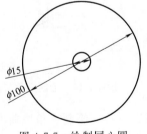

图 4-7-7 绘制同心圆

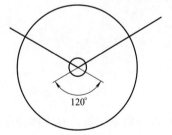

图 4-7-8 绘制角度线

（3）选择直线工具，在立即菜单中选择"直线两点线"方式，根据提示拾取坐标原点、圆的型值点、交点，绘制如图 4-7-9 所示的三条直线。

（4）选择曲线裁剪工具，在立即菜单中选择"快速裁剪"方式，裁剪多余直线，效果如图 4-7-10 所示。

（5）选择阵列工具，在立即菜单中选择"圆形均布"方式，份数输入 3，阵列效果如图 4-7-11 所示。

（6）选择点生成工具，在立即菜单中选择"单个点"方式，根据提示拾取坐标原点，效果如图 4-7-12 所示。

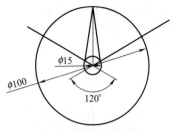

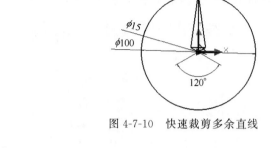

图 4-7-9　绘制三条直线　　　　　　　　图 4-7-10　快速裁剪多余直线

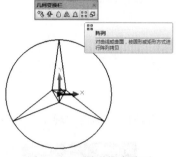

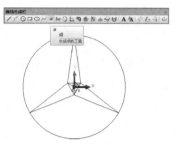

图 4-7-11　圆形均布阵列　　　　　　　　图 4-7-12　点生成

（7）选择平移工具，在立即菜单中选择"偏移量"方式，DZ 值输入 15，根据提示拾取上一步生成的点，效果如图 4-7-13 所示。

（8）选择直线工具，在立即菜单中选择"直线两点线"方式，绘制三角星线架，如图 4-7-14 所示。

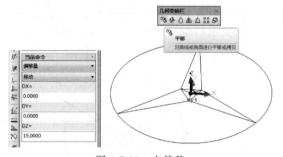

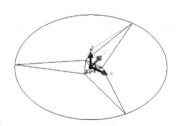

图 4-7-13　点偏移　　　　　　　　　　图 4-7-14　绘制三角星线架

（9）选择曲面工具，在立即菜单中选择"曲线＋曲线"方式，绘制三角星曲面和三角星底面，如图 4-7-15 所示。

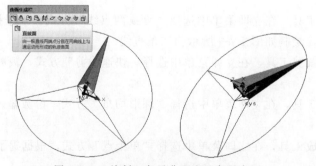

图 4-7-15　绘制三角星曲面和三角星底面

（10）选择阵列工具，在立即菜单中选择"圆形均布"方式，份数输入 3，阵列效果如图 4-7-16 所示。

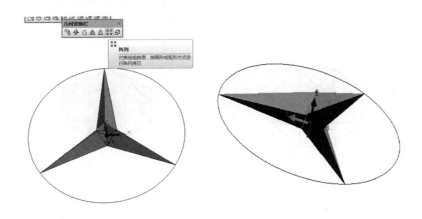

图 4-7-16　圆形均布阵列效果图

（11）选择曲面加厚增料工具，在弹出的对话框中，选择适当的精度，按照系统提示，拾取所有三角星曲面，单击"确定"按钮完成操作，生成三角星实体，效果如图 4-7-17 所示。

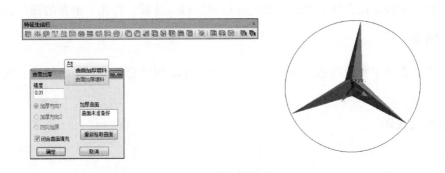

图 4-7-17　三角星曲面加厚增料效果图

2. 作底盘拉伸增料

（1）单击零件特征树的"平面 XY"，选定该平面为草图基准面。

（2）绘制直径为 120mm 的圆。

（3）选择拉伸增料工具，在弹出的对话框中输入深度值 10，拔模角度值 0°，向 Z 轴负方向拉伸，单击"确定"按钮。

（4）选择过渡工具，在弹出的对话框中输入半径值 5，单击"确定"按钮完成操作，生成底盘实体效果，如图 4-7-18 所示。

◆ 任务训练

利用本任务所学，完成图 4-7-19 的建模。

图 4-7-18　实体效果图

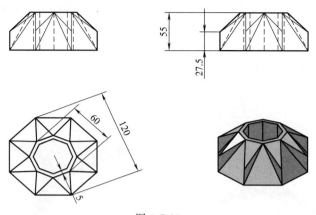

图 4-7-19

任务八   轮架的实体造型

◆ 任务引入

创建如图 4-8-1 所示的轮架的实体造型。通过该实体造型的练习，初步学习轮架的实体造型的方法，掌握特征实体造型的方法——拉伸增料、筋板、打孔、倒角的操作技能。

◆ 任务指导

轮架底盘实体主要由四部分组成：轮架底盘、中心圆柱套筒、三个小圆柱、筋板，如图 4-8-1 所示。

一、主要命令说明

1. 孔

孔是指在平面上直接去除材料生成各种类型的孔。

（1）单击"特征生成"工具条的"孔"按钮，弹出"孔的类型"对话框，如图 4-8-2 所示。

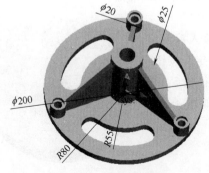

图 4-8-1   轮架实体造型

图 4-8-2   "孔的类型"对话框

（2）拾取打孔平面，选择孔的类型，指定孔的定位点，点击"下一步"。

（3）填入孔的参数，单击"确定"完成操作。

【参数】

主要是不同的孔的直径、深度，沉孔和钻头的参数等。

通孔：是指将整个实体贯穿。

指定孔的定位点时，点击平面后按回车键，也可以输入打孔位置的坐标值。

2. 筋板

筋板是指在指定位置增加加强筋。

（1）单击"特征生成"工具条的"筋板"按钮，弹出"筋板特征"对话框，如图4-8-3所示。

（2）选取筋板加厚方式，填入厚度，拾取草图，单击"确定"完成操作。

图4-8-3 "筋板特征"对话框

【参数】

• 单向加厚：是指按照固定的方向和厚度生成实体，如图4-8-4所示。

• 反向：与默认给定的单向加厚方向相反，如图4-8-5所示。

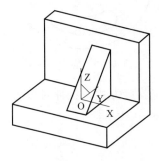

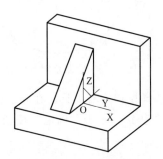

图4-8-4 单向加厚　　　　　　　　　　　　图4-8-5 反向加厚

• 双向加厚：是指按照相反的方向生成给定厚度的实体，厚度以草图平分，如图4-8-6所示。

• 加固方向反向：是指与默认加固方向相反，如图4-8-7所示。

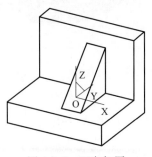

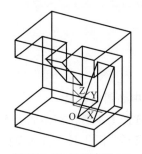

图4-8-6 双向加厚　　　　　　　　　　　　图4-8-7 加固方向反向

二、关键步骤精讲

1. 轮架底盘

（1）单击零件特征树的"平面XY"，选定该平面为草图基准面。

（2）选择草图工具，进入草图状态。

（3）选择画圆工具，在立即菜单中选择"圆心点半径"方式，拾取坐标原点为圆心点，分别输入半径 100、55、67.5、80，按回车键，分别画出直径 200、110、135、160 的圆。

（4）选择直线工具，分别在立即菜单中选择"两点线点方式""角度线 X 轴夹角"的方式，根据提示拾取坐标原点，分别绘制与 X 轴成 60°角的斜线，与 X 轴重合的直线。

（5）选择画圆工具，根据提示分别拾取上步绘制的与 X 轴成 60°角的斜线，与 X 轴重合的直线，与半径 67.5 圆的交点为圆心点，输入半径 12.5 的圆，按回车键。

（6）选择曲线裁剪工具，在立即菜单中选择"快速裁剪正常裁剪"方式，将多余直线和圆弧裁剪掉。效果如图 4-8-8 所示。

（7）选择阵列工具，并选择"圆形、均布、份数＝3"的方式，如图 4-8-9 所示。

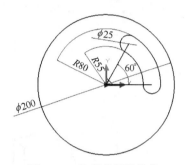
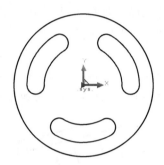

图 4-8-8   绘制草图及修剪   图 4-8-9   底座草图

（8）选择拉伸增料工具，在弹出的对话框中选择固定深度方式，拉伸对象为"草图 0"，输入深度值为 10，单击"确定"按钮。拉伸效果如图 4-8-10 所示。

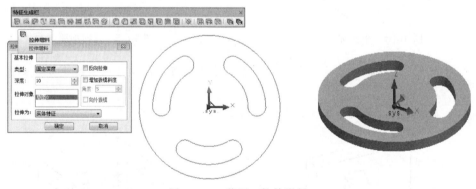

图 4-8-10   草图 0 拉伸增料

2. 作中心圆柱套筒

（1）选择上步所作实体的上表面作为草图基准面。

（2）选择草图工具，进入草图状态。

（3）选择画圆工具，在立即菜单中选择"圆心点半径"方式。拾取坐标原点为圆心点，输入半径 20，按回车键，画出直径 40 的圆。

（4）选择草图工具，退出草图。

（5）选择拉伸增料工具，在弹出的对话框中选择固定深度方式，拉伸对象为"草图 1"，输入深度值为 80，单击"确定"按钮。拉伸效果如图 4-8-11 所示。

图 4-8-11 圆柱

（6）选择圆柱的上表面作为草图基准面，选择草图工具，进入草图状态。

（7）选择画圆工具，在立即菜单中选择"圆心点半径"方式。拾取坐标原点为圆心点，输入半径 10，按回车键，画出直径 20 的圆，如图 4-8-12 所示。

（8）选择拉伸除料工具，在弹出的对话框中选择"贯穿"方式，拉伸对象为"草图 2"，单击"确定"按钮，如图 4-8-13 所示。

图 4-8-12 预置孔草图

图 4-8-13 拉伸孔

3. 作 3 个小圆柱体

（1）选择底盘的上表面作为草图基准面，选择草图工具，进入草图状态。

（2）选择画圆工具，在立即菜单中选择"圆心点半径"方式。拾取坐标原点为圆心点，输入半径 90，按回车键，画出直径 180 的圆，如图 4-8-14 所示。

（3）选择直线工具，在立即菜单中选择"两点线点方式"，拾取半径为 90 的圆心和任意点绘制垂线，如图 4-8-14 所示。

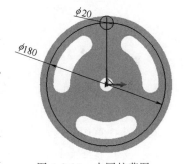

图 4-8-14 小圆柱草图

（4）选择画圆工具，在立即菜单中选择"圆心点半径"方式。拾取上步所作直线与半径为 90 的圆交点为圆心点，输入半径 10，按回车键，画出直径 20 的圆，如图 4-8-14 所示。

（5）选择删除工具，删除大圆和直线。

（6）选择草图工具，退出草图。

（7）选择拉伸增料工具，在弹出的对话框中选择固定深度方式，拉伸对象为"草图 3"，输入深度值为 20，单击"确定"按钮。拉伸效果如图 4-8-15 所示。

图 4-8-15 小圆柱的拉伸增料

（8）选择打孔工具，弹出孔的对话框，拾取上步生成小圆柱的上表面为打孔平面，孔的类型选择阶梯，孔的定位点选择小圆柱的圆心，输入孔的参数："直径" ＝10，选择"通孔"，"沉孔大径" ＝ 15，"沉孔深度" ＝5，如图 4-8-16 所示。

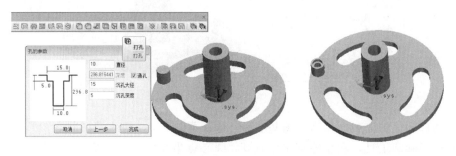

图 4-8-16　沉孔

（9）绘制与 Z 轴重合的直线为"基准轴"。

（10）选择环形阵列工具，弹出"环形阵列"对话框，拾取打孔特征、小圆柱为"阵列对象"，选择上步所作直线为"基准轴"，填入"角度" ＝120°，"数目" ＝3，选中"单个阵列"单选按钮，单击"确定"按钮完成操作，如图 4-8-17 所示。

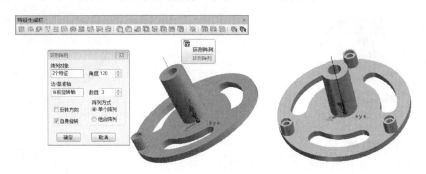

图 4-8-17　小圆柱阵列

4. 绘制筋板草图

（1）单击零件特征树的"平面 YZ"，选定该平面为草图基准面。

（2）选择草图工具，进入草图状态。

（3）选择直线工具，在立即菜单选择"水平/铅垂和水平＋铅垂"方式，输入直线长度200，根据提示拾取坐标原点，绘制水平和铅垂线。

（4）选择等距线工具，在立即菜单中分别输入距离 20 和 80，单击拾取上步铅垂线，方向向外，两条等距线生成；再在立即菜单中分别输入距离 25 和 80，单击拾取上步水平线，方向向上，两条等距线生成。

（5）选择直线工具，在立即菜单中选择"两点线点方式"，拾取上步生成等距线的交点绘制斜线，如图 4-8-18 所示。

（6）选择删除工具，删除除斜线以外的直线，如图 4-8-19 所示。

（7）选择筋板工具，弹出"筋板特征"对话框，选取"双向加厚"方式，填入厚度6，拾取上步绘制的斜线，加固方向选择指向实体方向，单击"确定"按钮完成操作，如图 4-8-20 所示。

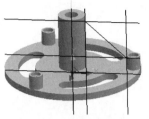

图 4-8-18　筋板草图

图 4-8-19　修剪多余线段

图 4-8-20　筋板的生成

（8）选择环形阵列工具，弹出"环形阵列"对话框，拾取
筋板为"阵列对象"，选择与 Z 轴重合的直线为"基准轴"，填
入"角度"＝120°，"数目"＝3，选中"单个阵列"单选按钮，
单击"确定"按钮完成操作，如图 4-8-21 所示。

◆ **任务训练**

利用本任务所学，完成图 4-8-22 的建模。

图 4-8-21　筋板阵列

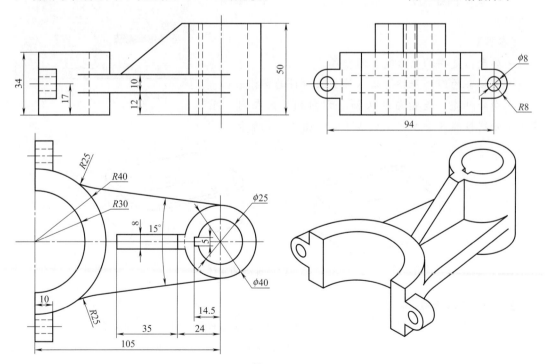

图 4-8-22

任务九　花瓶凸模实体造型

◆ 任务引入

创建如图 4-9-1 所示花瓶的凸模的实体造型。通过该实体造型的练习，初步学习花瓶的实体造型的方法，掌握特征实体造型的方法——拉伸增料、筋板、打孔、倒角、实体布尔运算的操作技能。

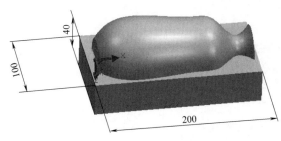

图 4-9-1　花瓶凸模三维效果图

◆ 任务指导

花瓶凸模实体主要由三部分组成：花瓶实体、花瓶型腔、花瓶的凸模，如图 4-9-1所示。

一、主要命令说明

1. 抽壳

抽壳是根据指定壳体的厚度将实心物体抽成内空的薄壳体。

（1）单击"特征生成"工具条的"抽壳"按钮，弹出"抽壳"对话框，如图 4-9-2 所示。

（2）填入抽壳厚度，选取需抽去的面，单击"确定"完成操作。

图 4-9-2　"抽壳"对话框

【参数】

· 厚度：是指抽壳后实体的壁厚。

· 需抽去的面：是指要拾取被去除材料的实体表面。

· 向外抽壳：是指与默认抽壳方向相反，在同一个实体上分别按照两个方向生成实体，如图 4-9-3 所示。

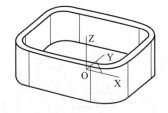

图 4-9-3　向外抽壳的实体

2. 实体布尔运算

实体布尔运算是将另一个实体并入，与当前零件实现交、并、差的运算。

（1）单击"特征生成"工具条的"实体布尔运算"按钮，弹出"打开"对话框，如图 4-9-4 所示。

（2）选取文件，单击"打开"，弹出"输入特征"对话框，如图 4-9-5 所示。

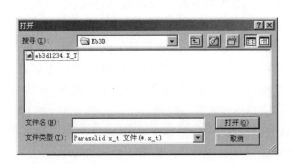

图 4-9-4 "打开"对话框

图 4-9-5 "输入特征"对话框

（3）选择布尔运算方式，给出定位点。

（4）选取定位方式。若为拾取定位的 X 轴，选择轴线，输入旋转角度，单击"确定"完成。若为给定旋转角度，则输入角度一和角度二，单击"确定"完成操作。

【参数】

• 文件类型：是指输入的文件种类，如图 4-9-6所示。

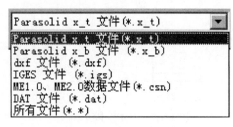

图 4-9-6 选择文件存储类型

• 布尔运算方式：是指当前零件与输入零件的交、并、差，包括如下三种：当前零件∪输入零件，是指当前零件与输入零件的交集；当前零件∩输入零件，是指当前零件与输入零件的并集；当前零件－输入零件，是指当前零件与输入零件的差。

• 定位方式：是用来确定输入零件的具体位置，包括以下两种方式：拾取定位的 X 轴，是指以空间直线作为输入零件自身坐标的 X 轴（坐标原点为拾取的定位点）；旋转角度，用来对 X 轴进行旋转以确定 X 轴的具体位置。

• 给定旋转角度：是指以拾取的定位点为坐标原点，用给定的两角度来确定输入零件的自身坐标系的 X 轴，包括角度一和角度二。

• 角度一：其值为 X 轴与当前世界坐标系的 X 轴的夹角。

• 角度二：其值为 X 轴与当前世界坐标系的 Z 轴的夹角。

• 反向：是指将输入零件自身坐标系的 X 轴的方向的反向。

二、关键步骤精讲

1. 花瓶实体

（1）单击零件特征树的"平面 XY"，选定该平面为草图基准面。

（2）选择草图工具，进入草图状态。

（3）选择直线工具，在立即菜单中选择"两点线长度方式"，根据提示拾取坐标原点，长度输入 25，如图 4-9-7 所示。

（4）选择等距线工具，在立即菜单中分别输入距离 10、120、140、170 和 185，单击拾取上步的直线，方向向上，生成等距线如图 4-9-7 所示。

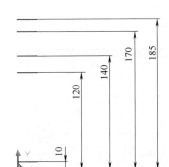

图 4-9-7　线段位置预定

（5）选择直线工具，在立即菜单中选择"两点线长度方式"，分别拾取上步等距的直线，长度分别输入 35、40、37.5、15、26，如图 4-9-8 所示。

（6）选择删除工具，删除上步等距生成的直线。

（7）选择样条线工具，样条插值点拾取上步所作各直线的端点，单击"确定"，完成花瓶母线绘制，效果如图 4-9-9 所示。

（8）选择直线工具，在立即菜单中选择"两点线长度方式"，拾取坐标原点，长度 185，如图 4-9-10 所示。

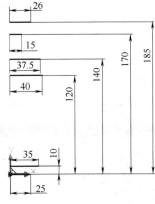

图 4-9-8　基本线段草图

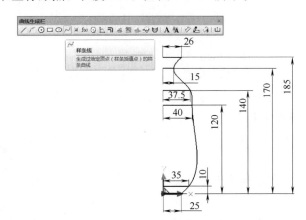

图 4-9-9　样条曲线连接

（9）选择删除工具，删除各段水平直线，如图 4-9-10 所示。

（10）选择草图工具，退出草图状态。

（11）选择直线工具，在立即菜单中选择"两点线点方式"，拾取坐标原点，作与上步所作直线完全重合的空间直线，如在立即菜单中选择"两点线长度方式"，拾取坐标原点，如图 4-9-11 所示。

（12）选择旋转增料工具，在弹出的对话框中选择"单向旋转"方式，拾取对象为上一步所画的"草图和轴线"，角度值为 360°，如图 4-9-12 所示。

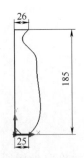

图 4-9-10　花瓶草图

图 4-9-11　拾取预旋转

图 4-9-12　单向旋转增料

2. 花瓶型腔

选择抽壳工具，在弹出的对话框中，厚度输入 2，需抽去的面选花瓶的上表面，单击

"确定"，效果如图 4-9-13 所示。

图 4-9-13　花瓶抽壳

3. 花瓶凸模

（1）选择"文件"—"保存"命令，把花瓶保存成"花瓶.X＿T"类型文件，如图 4-9-14 所示。

（2）选择"文件"—"新建"命令，打开一张新图。

（3）单击零件特征树的"平面 XY"，选定该平面为草图基准面。

（4）选择草图工具，进入草图状态。

（5）选择矩形工具，在立即菜单中选择"中心长宽"方式，长度 200，宽度 100；根据提示选择坐标原点为矩形中心，得到如图 4-9-15 所示的草图。

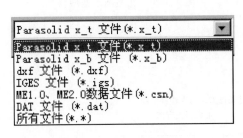

图 4-9-14　选择文件存储类型

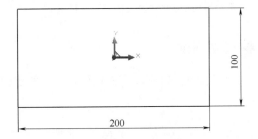

图 4-9-15　底座草图

（6）选择平移工具，在立即菜单中选择"偏移量移动"方式，输入 DX＝90，DY＝0；根据提示偏移对象选择上步生成的矩形，偏移方向选择 X 轴的负方向，如图 4-9-16 所示。

（7）选择拉伸增料工具，在弹出的对话框中选择固定深度方式，拉伸对象为"草图 0"，输入深度值为 40，单击"确定"按钮。拉伸效果如图 4-9-17 所示。

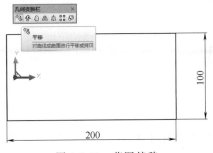

图 4-9-16　草图偏移

图 4-9-17　底座拉伸

（8）单击"特征生成"工具条的
"实体布尔运算"按钮，弹出"打开"对
话框，如图 4-9-18 所示。

（9）选取"花瓶 . X _ T"文件，单
击"打开"，弹出"输入特征"对话框，
如图 4-9-19 所示。

（10）选择布尔运算方式为当前零件
∪输入零件，拾取坐标原点为定位点。

（11）选取定位方式为给定旋转角

图 4-9-18　选择文件

度，则输入角度一值为 270°和角度二值为 0，单击"确定"完成操作，如图 4-9-20 所示。

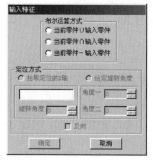

图 4-9-19　"输入特征"对话框

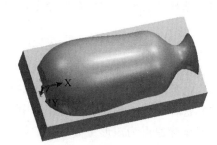

图 4-9-20　花瓶凸模造型

◆ **任务训练**

利用本任务所学，完成图 4-9-21 的建模。

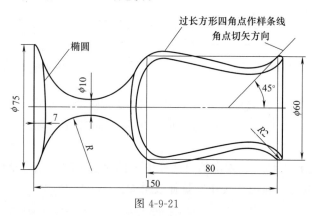

图 4-9-21

任务十　鼠标及其凹模的实体造型

◆ **任务引入**

创建如图 4-10-1 所示的鼠标及其凹模的实体造型。通过该实体造型的练习，进一步学
习特征实体造型的方法，掌握特征实体造型的方法——拉伸增料、布尔运算、曲面裁剪及实

体过渡等操作技能。

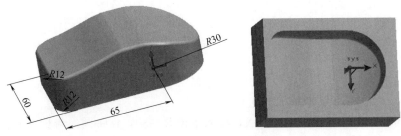

图 4-10-1　鼠标及其凹模

◆ **任务指导**

鼠标及其凹模的实体造型主要由三部分组成：鼠标造型、鼠标扫描面的生成、鼠标凹模，如图 4-10-1 所示。

一、主要命令说明

1. 曲面裁剪

曲面裁剪是用生成的曲面对实体进行修剪，去掉不需要的部分。

（1）选择"曲面裁剪"，弹出"曲面裁剪"对话框，如图 4-10-2 所示。

（2）拾取曲面，选择进行除料方向，单击"确定"完成操作。

图 4-10-2　"曲面裁剪"对话框

【参数】

• 裁剪曲面：是指对实体进行裁剪的曲面，参与裁剪的曲面可以是多张边界相连的曲面。

• 除料方向选择：是指除去哪一部分实体的选择，分别按照不同方向生成实体，如图 4-10-3 和 4-10-4 所示。

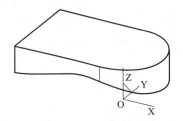

图 4-10-3　曲面裁剪正向

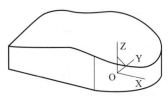

图 4-10-4　曲面裁剪反向

图 4-10-5　"过渡"对话框

2. 过渡

过渡是指以给定半径或半径规律在实体间作光滑过渡。

（1）选择"过渡"，弹出"过渡"对话框，如图 4-10-5 所示。

（2）输入半径，确定过渡方式和结束方式，选择变化方式，拾取需要过渡的元素，单击"确定"完成操作。

二、关键步骤精讲

1. 鼠标造型

（1）单击零件特征树的"平面 XY"，选定该平面为草图基准面。选择草图工具，进入草图状态。

（2）选择矩形工具，将其设置为"两点矩形"，输入第一点坐标（−65，−30），第二点坐标（30，30），矩形绘制完成，如图 4-10-6 所示。

（3）选择整圆工具，拾取坐标原点，输入半径 $R=30$，作一圆，与长方形右侧三条边相切，如图 4-10-7 所示。

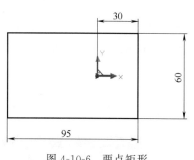

图 4-10-6 两点矩形

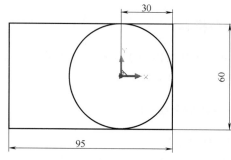

图 4-10-7 共切圆

（4）选择曲线裁剪工具，拾取圆弧外的直线段，裁剪完成；选择删除工具，拾取右侧的竖边，右击"确定"，删除完成。结果如图 4-10-8 所示。

（5）选择曲线过渡工具，在立即菜单输入半径 $R=30$，拾取矩形左侧，进行圆弧过渡。单击"确定"完成，效果如图 4-10-9 所示。

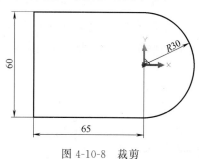

图 4-10-8 裁剪

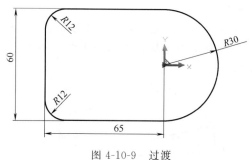

图 4-10-9 过渡

（6）按 F8 键，将图形旋转为轴侧图，选择绘制草图工具，退出草图状态。

（7）选择拉伸增料工具，在弹出的对话框中选择固定深度方式，拉伸对象为"草图 0"，输入深度值为 30，单击"确定"按钮。拉伸效果如图 4-10-10 所示。

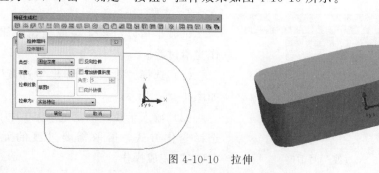

图 4-10-10 拉伸

2. 鼠标扫描面的生成

（1）选择样条线工具，按回车键，依次输入坐标点（−70，0，20）、（−40，0，25）、（−20，0，30）、（30，0，15）右击确认，样条曲线生成，结果如图4-10-11所示。

（2）选择扫描面工具，在立即菜单中，设置"起始距离"值为−40，"扫描距离"值80，"扫描角度"为0，如图4-10-12所示。

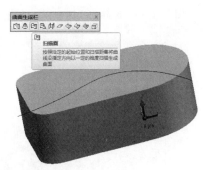

图 4-10-11　样条曲线　　　　　　　　　　　　　图 4-10-12　扫描面工具

（3）按空格键，弹出扫描方向工具菜单，在菜单中，选择 Y 轴正方向，如图 4-10-13 所示。

（4）拾取样条曲线，单击确定，生成裁剪扫描面，效果如图 4-10-14 所示。

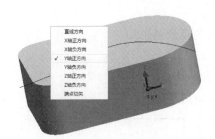
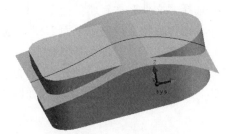

图 4-10-13　方向选择　　　　　　　　　　　　　图 4-10-14　裁剪扫描面

（5）选择曲面裁剪除料工具，在弹出的对话框中选择上步生成的扫描面，除料方向选择向上，单击"确定"按钮，利用曲面裁剪除料生成实体，效果如图4-10-15所示。

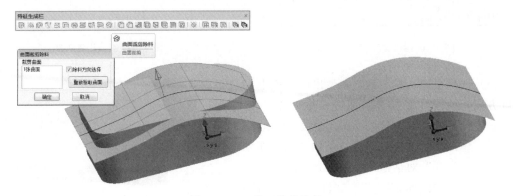

图 4-10-15　曲面裁剪除料

图 4-10-16　删除扫描面和样条曲线

（6）选择删除工具，拾取扫描面和样条曲线，右击确定，删除完成。结果如图 4-10-16 所示。

（7）选择特征工具栏中的过渡工具，在弹出的"过渡"对话框中设置"过渡方式"为"等半径"，设置"半径"值为 2，裁剪实体，过渡结果如图 4-10-17 所示。

3. 鼠标凹模

（1）选择"文件"—"保存"命令，把花瓶保存成"鼠标 . X ＿ T"类型文件，如图 4-10-18 所示。

图 4-10-17　实体过渡

（2）选择"文件"—"新建"命令，打开一张新图。

（3）单击零件特征树的"平面 XY"，选定该平面为草图基准面。

（4）选择草图工具，进入草图状态。

（5）选择矩形工具，将其设置为"两点矩形"，输入第一点坐标（－70，－40），第二点坐标（40，40），矩形绘制完成，得到如图 4-10-19 所示的草图。

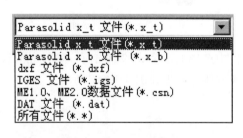

图 4-10-18　文件保存类型

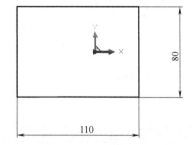

图 4-10-19　凹模草图

（6）选择拉伸增料工具，在弹出的对话框中选择固定深度方式，拉伸对象为"草图 0"，输入深度值为 40，单击"确定"按钮。拉伸效果如图 4-10-20 所示。

（7）单击"特征生成"工具条的"实体布尔运算"按钮，弹出"打开"对话框，如图 4-10-21 所示。

（8）选取"鼠标 . X ＿ T"文件，单击"打开"，弹出"输入特征"对话框，如图 4-10-22 所示。

图 4-10-20　凹模

图 4-10-21 "打开"对话框　　　　图 4-10-22 "输入特征"对话框

（9）选择布尔运算方式为当前零件—输入零件，拾取坐标原点为定位点。

（10）选取定位方式为给定旋转角度，则输入角度一值为 0、角度二值为 0，单击"确定"完成操作，如图 4-10-23 所示。

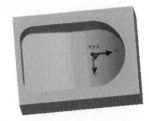

◆ 任务训练

利用本任务所学，完成手中鼠标建模。

图 4-10-23　鼠标凹模

项 目 实 战

根据已知零件图［如项目图（一）～图（八）所示］，进行三维实体造型。

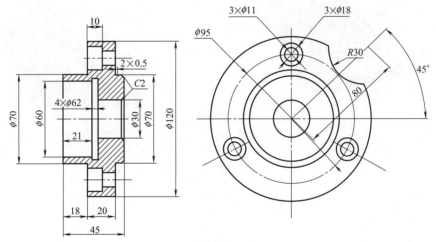

项目图（一）

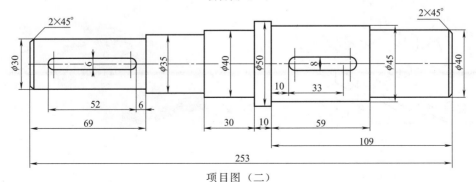

项目图（二）

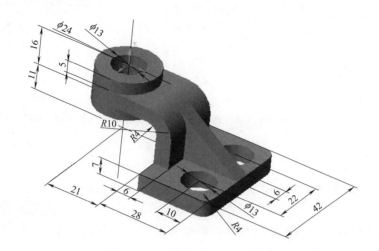

项目图（三）

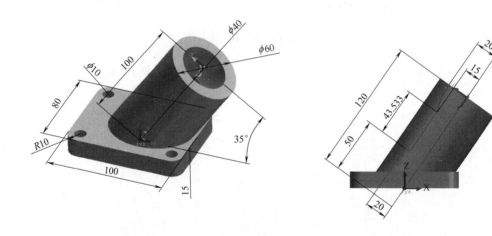

项目图（四）

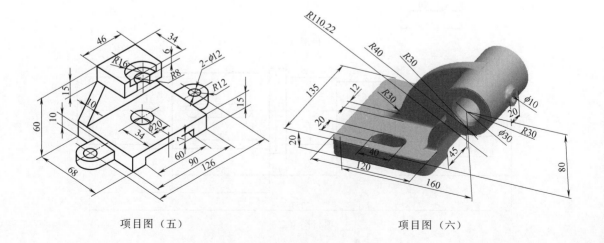

项目图（五）   项目图（六）

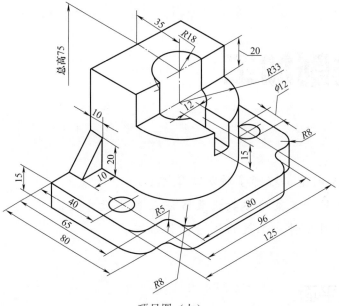

项目图（七）

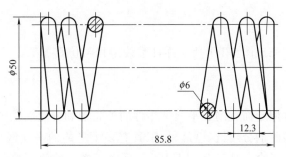

项目图（八）

项目五
轮廓铣削加工

◆ 学习目标

了解 CAXA 制造工程师多种加工策略；

掌握常用几种加工策略参数设置方法及各参数含义；

能够运用常用几种加工策略进行零件加工。

任务一　铣平面

◆ 任务引入

通过学习本任务，完成图 5-1-1 所示零件数控编程与仿真加工。

◆ 任务指导

平面区域粗加工常用于面铣削、平面类零件的外轮廓和内轮廓铣削等，这种加工方法适于加工具有平底直壁型腔的分层铣，可以加工具有多个岛屿的平面区域，轨迹生成速度快，适合切除大余量的加工场合。加工如图 5-1-1 所示零件图：将直径为 $\phi100 \times 50$ 的圆柱形毛坯，经仿真铣削加工，去除厚 15mm 的余料，查看并保存 G 代码。

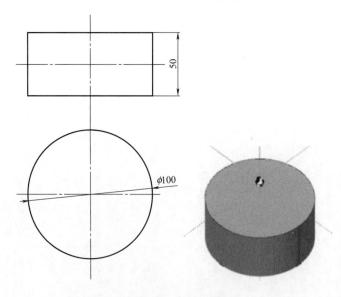

图 5-1-1　零件尺寸及加工后示意图

一、分析与说明

（1）该零件加工的部位是上表面，我们用直径为 φ20 立铣刀进行加工，选用"平面区域粗加工"的自动加工方法进行铣削。

（2）为保证零件加工原点与设计原点重合，方便后续对刀加工，在创建实体模型时，将工件坐标原点放置在模型的顶面中心上。

（3）加工该零件可不绘制实体模型，直接用二维平面图进行刀具轨迹生成加工；在本任务中，采用生成实体模型方法进行刀具轨迹生成加工。

二、关键步骤精讲

（1）首先使用前面学过的知识，用实体造型方法创建 φ100×50 的圆柱形毛坯实体模型，如图 5-1-2 所示。

（2）选择"相关线-实体边界"按钮，单击圆柱体上表面的轮廓线作为加工的边界（图 5-1-3）。

图 5-1-2　毛坯实体模型

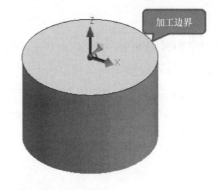

图 5-1-3　生成实体加工边界

（3）找到"轨迹管理"树内的"模型"选项，进行双击，如果系统中已有曲面和实体，模型窗口就会显示出来该曲面或实体，如图 5-1-4 所示。假如工作区没有曲面与实体，只有线框造型，那么"模型参数"将显示空白。然后将"模型包含不可见曲面"和"模型包含隐

图 5-1-4　模型窗口显示实体模型

藏层中的曲面"两项前面的复选框取消,单击"确定"。

(4) 选择"轨迹管理"树当中的"毛坯"按钮,进行双击→打开"毛坯定义"对话框→"选择毛坯类型"→"圆柱形"→点击"线框"→显示"真实感"→选择"参照模型"→单击"确定"。此时模型变成系统毛坯显示,如图 5-1-5 所示。

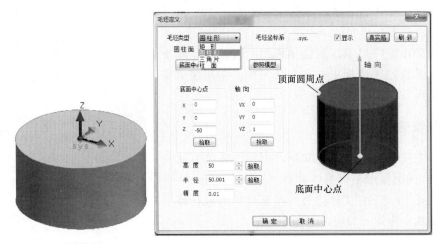

图 5-1-5 "毛坯定义"对话框

(5) 选择"平面区域粗加工"加工方法,弹出"平面区域粗加工(创建)"对话框,"加工参数"选项卡的内容填写方法如图 5-1-6 所示。

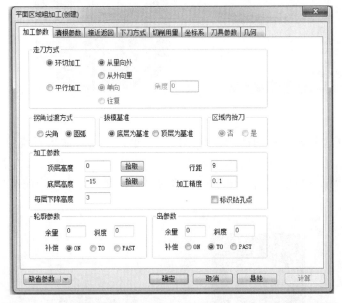

图 5-1-6 "平面区域粗加工(创建)"对话框—"加工参数"选项卡

【参数】

· 走刀方式:

环切加工:刀具切削工件的方式是环状走刀,可选择从里向外或是从外向里的方式切削。

平行加工:刀具切削工件的方式是平行走刀,还可以选择生成的刀位行与 X 轴成一定的夹角，可选择单向走刀还是往复走刀。单向：刀具以单一的方向前进，顺铣或逆铣加工工件。往复：刀具切削的前进方式是可以沿着工件轮廓来回切削，顺铣与逆铣都有的混合加工方式，如图 5-1-7 所示。

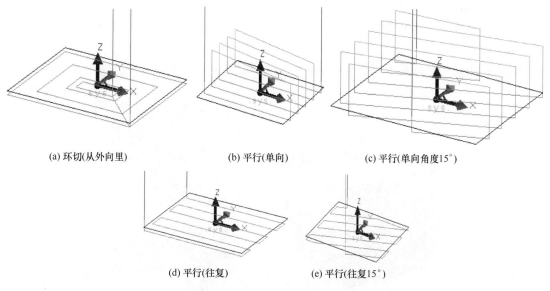

(a) 环切(从外向里)　　　　　(b) 平行(单向)　　　　　(c) 平行(单向角度15°)

(d) 平行(往复)　　　　　(e) 平行(往复15°)

图 5-1-7　几种走刀方式刀具轨迹

• 拐角过渡方式：当切削过程中遇到拐角时的处理方式。尖角：刀具从轮廓一边过渡到另一边时，以两条延长线相交的方式连接。圆弧：刀具从轮廓一边过渡到另一边时，以圆弧的方式过渡，过渡半径为刀具半径和余量之和，如图 5-1-8 所示。

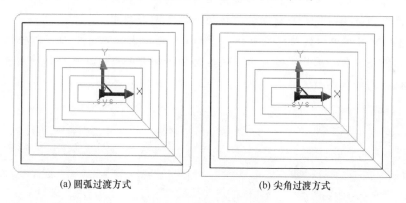

(a) 圆弧过渡方式　　　　　(b) 尖角过渡方式

图 5-1-8　拐角过渡方式

拔模基准：加工具有拔模斜度的一类工件时，工件底层轮廓和顶层轮廓的大小不一样的情况下使用。

底层为基准：以底层轮廓为基准进行拔模，与拔模斜度配合使用。

顶层为基准：以顶层轮廓为基准进行拔模，与拔模斜度配合使用。

• 区域内抬刀：加工具有岛屿的工件时，刀具轨迹通过岛屿时是否需要抬刀，选"是"抬刀，选"否"不抬刀。仅适用于平行加工的单向加工。

• 加工参数：

顶层高度：零件加工的最高点，可以用鼠标在模型直接拾取。

底层高度：零件加工的最低点，也就是零件加工的最大深度，可以用鼠标在模型直接拾取。

每层下降高度：刀具轨迹临近两层的高度差，也可称为层高；根据输入值会自动从顶层高度开始向下计算，如图 5-1-9 所示。

行距：刀具轨迹相邻两行之间的距离，也就是实际加工中相邻两刀具轴心线之间的距离，如图 5-1-9 所示。

标识钻孔点：勾选此项，系统会自动显示下刀打孔点的位置。

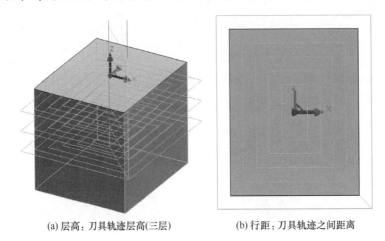

(a) 层高：刀具轨迹层高(三层)　　　　(b) 行距：刀具轨迹之间距离

图 5-1-9 　层高和行距轨迹

• 轮廓参数：

余量：轮廓加工的加工余量，粗加工要留有一定的加工余量。

斜度：轮廓的拔模斜度，与前面的"拔模基准"配合使用。

补偿：①ON 刀具中心线与轮廓重合。②TO 在轮廓内，刀具中心线与轮廓线相差一个刀具半径。③PAST 在轮廓外，刀具中心线与轮廓线相差一个刀具半径，如图 5-1-10 所示。

• 岛参数：同轮廓参数。

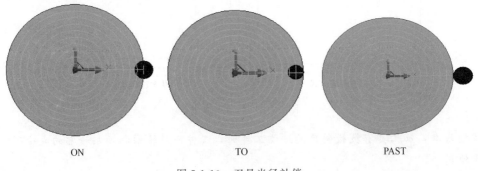

ON　　　　　　　　　　TO　　　　　　　　　　PAST

图 5-1-10 　刀具半径补偿

（6）"清根参数"选项卡的内容填写方法，如图 5-1-11 所示。

【参数】

• 轮廓清根：刀具加工完轮廓后，沿着轮廓线清根。"轮廓清根余量"是指开始清根之前的余量。勾选"清根"，轮廓区域加工完后，刀具进行清根加工，将"加工参数"选项卡中"轮廓参数"→"余量"中的多余材料清除，相当于精加工。

• 岛清根：刀具加工完轮廓后，沿着岛曲线清根。"岛清根余量"是指开始清根之前的余量。勾选"清根"，轮廓区域加工完后，刀具进行清根加工，将"加工参数"选项卡中"岛参数"→"余量"中的多余材料清除，相当于精加工。

• 清根进刀方式：①垂直：刀具进入工件第一个加工开始点时，以垂直进刀方式直接切削。②直线：刀具按"长度"给定数值，以相切的方式开始向第一个切削点进刀。③圆弧：刀具按"半径"给定数值，以 1/4 圆弧路径方式开始向第一个切削点进刀。

• 清根退刀方式：①垂直：刀具加工完后，从轮廓最后一个点直接退刀到退刀点。②直线：刀具按"长度"给定值，以相切的方式从工件最后一个切削点退出。③圆弧：刀具按"半径"给定数值，以 1/4 圆弧路径方式从工件最后一个切削点退出。

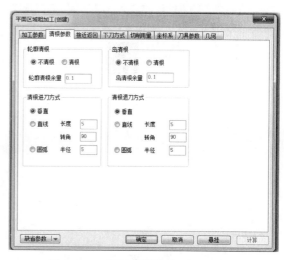

图 5-1-11　"平面区域粗加工（创建）"
对话框—"清根参数"选项卡

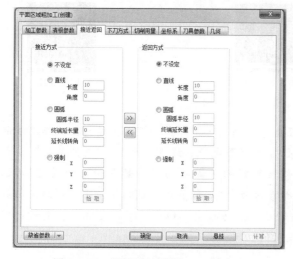

图 5-1-12　"平面区域粗加工（创建）"
对话框—"接近返回"选项卡

（7）"接近返回"选项卡的内容填写方法，如图 5-1-12 所示。

本选项卡是用来设定刀具从起始点快速移动后，以 G01 速度逼近切削开始第一点的那段切入轨迹，或从切削终了点，以 G01 速度离开工件的那段切出轨迹。

【参数】

• 不设定：不设定接近或返回的切入或切出方式，刀具直接从起刀点切入；刀具直接退回到起刀点。

• 直线：刀具按"长度"和"角度"给定数值，以一定角度，按照设定直线距离的相切方式开始向第一个切削点进刀或从最后一个切削点退刀。

• 圆弧：刀具按"圆弧半径"给定数值，根据"延长线转角"确定的圆弧圆心角所对的圆弧路径，向切削点平滑切入或从切削点平滑切出，"延长线不使用"。

• 强制：强行从指定的一个点以直线方式切入到切削点，或从最后一个切削点以直线方式切出到指定的一个强制点，X、Y、Z 确定强制点的坐标值。

（8）"下刀方式"选项卡的内容填写方法，如图 5-1-13 所示。

【参数】

• 安全高度（H0）：刀具没有开始切削工件时，刀具快速移动而不会碰到工件的高度，有拾取、相对高度、绝对高度三种模式，可以通过单击按钮进行三种模式互换。

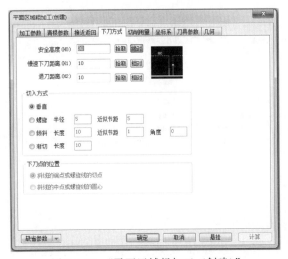

图 5-1-13 "平面区域粗加工（创建）"
对话框—"下刀方式"选项卡

• 慢速下刀距离（H1）：是刀具从安全高度快速向工件接近后，刀具会在工件上方的一定高度 H1，从 G00 速度转变为 G01 速度，在 H1 高度范围内，刀具保持切削进给速度 G01 垂直接近工件，H1 就是慢速下刀距离，有拾取、相对距离、绝对距离三种模式，可以通过单击按钮进行三种模式互换。

• 退刀距离（H2）：在切削结束后，刀具以 G01 速度垂直向上退刀的距离，有拾取、相对距离、绝对距离三种模式，可以通过单击按钮进行三种模式互换。

① 拾取：直接从工作区选取绝对位置高度点。

② 绝对：以当前加工坐标系 XOY 为参考平面。

③ 相对：以切削开始或切削结束位置的刀位点为相对参考点。

如图 5-1-14 所示为三种高度示意图。

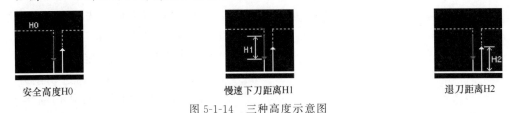

安全高度H0 　　　慢速下刀距离H1 　　　退刀距离H2

图 5-1-14 三种高度示意图

• 切入方式：①垂直：刀具沿直线路径垂直方向切入工件。②螺旋：刀具按照螺旋线的进刀轨迹从切削开始点切入工件至设定切深，"半径"是螺旋线半径大小，"近似节距"是相邻螺旋线的轴向距离。③倾斜：刀具以倾斜线路径的方式从切削开始点切入到设定切深，"长度"是倾斜线长度，以切削开始点位置为参考点。"近似节距"是相邻相互平行的倾斜线的距离。"角度"是倾斜线的倾斜角度，倾斜线走刀方向与 XOY 平面的夹角。④渐切：刀具按斜线路径逐渐切入到第一刀切削轨迹设定的切深。

如图 5-1-15 所示为四种切入方式。

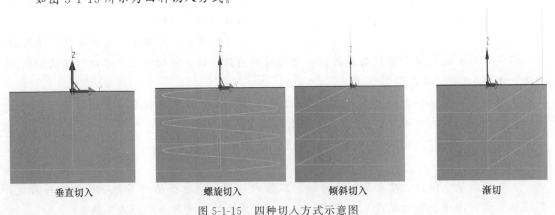

垂直切入 　　　螺旋切入 　　　倾斜切入 　　　渐切

图 5-1-15 四种切入方式示意图

（9）"切削用量"选项卡的内容填写方法，如图 5-1-16 所示。

每种加工都有"切削用量"选项卡，此选项卡用来设置主轴转速、慢速下刀速度、切入切出连接速度、切削速度和退刀速度。

（10）"坐标系"选项卡的内容填写方法，如图 5-1-17 所示。

此选项卡可以设定加工坐标系，如果在建模时，使用的建模坐标系与机床坐标系重合，即机床坐标系的 Z 轴是建模绝对坐标系的 Z 轴，机床工作台平面 XOY 是建模绝对坐标系的 XOY 平面，就可以直接指定软件建模坐标系为加工坐标系（.sys.），否则要重新创建加工坐标系（MCS）。

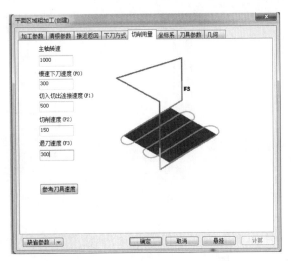

图 5-1-16　"平面区域粗加工（创建）"
对话框—"切削用量"选项卡

"起始点"指加工轨迹起始点，可以根据实际情况进行单独设定。此处不作设置，默认使用全局轨迹起始点。

（11）"刀具参数"选项卡的内容填写方法，如图 5-1-18 所示。

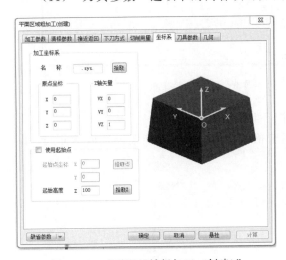

图 5-1-17　"平面区域粗加工（创建）"
对话框—"坐标系"选项卡

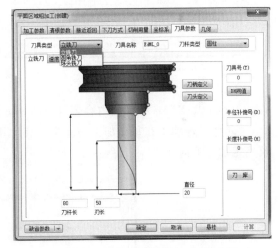

图 5-1-18　"平面区域粗加工（创建）"
对话框—"刀具参数"选项卡

【参数】

• 刀具类型：针对数控铣削加工提供的刀具有铣刀和钻头。铣刀的类型有立铣刀、圆角铣刀、球头铣刀，如图 5-1-19 所示。

刀具由"刃长""刀杆长""直径""圆角半径"参数确定所选刀具的尺寸。在此项中也可以确定刀具名称，刀具补偿号（包括半径补偿号和长度补偿号）。

• 刀具库：刀具库中存放用户已经定义好的各种刀具，在后续使用中，用户可以方便地提取所需刀具，如图 5-1-20 所示。

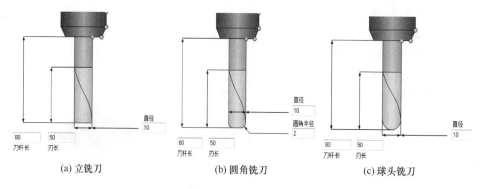

(a) 立铣刀　　(b) 圆角铣刀　　(c) 球头铣刀

图 5-1-19　三种常用铣刀类型

刀具库

共 11 把　　增 加　清 空　导 入　导 出

类 型	名 称	刀 号	直 径	刃 长	全 长	刀杆类型	刀杆直径	半径补偿号	长度补偿号
立铣刀	EdML_0	0	10.000	50.000	80.000	圆柱	10.000	0	0
立铣刀	EdML_0	1	10.000	50.000	100.000	圆柱＋圆锥	10.000	1	1
圆角铣...	BulML_0	2	10.000	50.000	80.000	圆柱	10.000	2	2
圆角铣...	BulML_0	3	10.000	50.000	100.000	圆柱＋圆锥	10.000	3	3
球头铣...	SphML_0	4	10.000	50.000	80.000	圆柱	10.000	4	4
球头铣...	SphML_0	5	12.000	50.000	100.000	圆柱＋圆锥	10.000	5	5
燕尾铣...	DvML_0	6	20.000	6.000	80.000	圆柱	20.000	6	6
燕尾铣...	DvML_0	7	20.000	6.000	100.000	圆柱＋圆锥	10.000	7	7
球形铣...	LoML_0	8	12.000	12.000	80.000	圆柱	12.000	8	8
球形铣...	LoML_1	9	10.000	10.000	100.000	圆柱＋圆锥	10.000	9	9

确 定　取 消

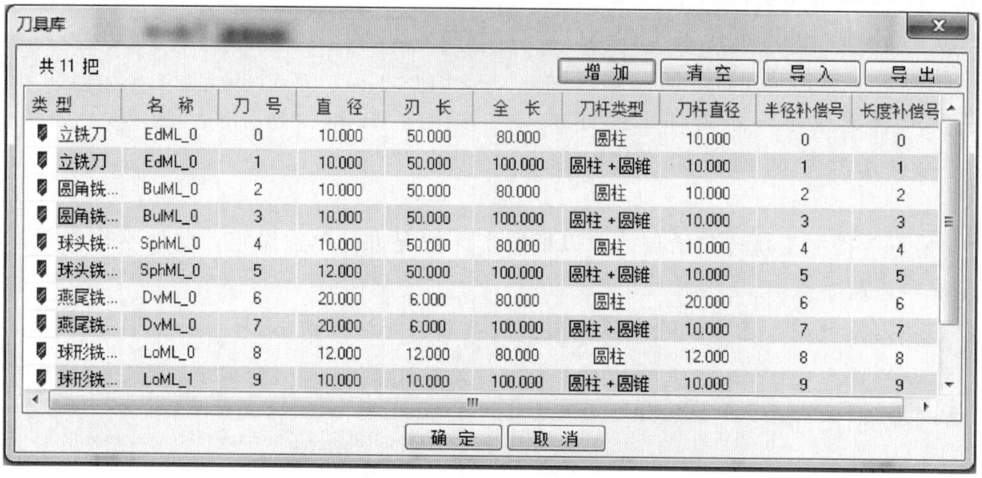

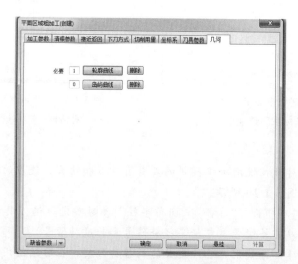

图 5-1-20　刀具库

（12）“几何”选项卡的内容填写方法，如图 5-1-21 所示。

“几何”选项卡在每个加工功能中都有，用于拾取和删除加工中所需要选取的曲线，以及确定加工方向。

图 5-1-21　“平面区域粗加工（创建）”对话框—“几何”选项卡

【参数】

- "轮廓曲线"用于拾取所要加工零件的轮廓，如图 5-1-22 所示。
- "岛屿曲线"用于拾取所要加工零件的岛屿轮廓线。

拾取箭头顺时针方向为链搜索方向，点击"确定"按钮，生成零件加工刀具轨迹，如图 5-1-23 所示。

图 5-1-22　轮廓曲线拾取

图 5-1-23　刀具轨迹生成

（13）进入"实体仿真"界面对生成的加工刀具轨迹，进行模拟加工。如图 5-1-24 所示。进入"实体仿真"界面有三种方法：

① 打开"加工"下拉菜单，选择"实体仿真"→拾取刀具轨迹→仿真加工。

② 右击"轨迹管理"空白处，选择"实体仿真"→拾取刀具轨迹→仿真加工。

③ 鼠标拾取进刀线→右击鼠标→实体仿真→拾取刀具轨迹→仿真加工。

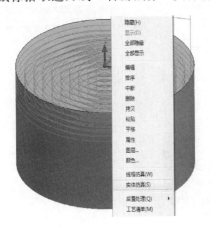

图 5-1-24　拾取进刀线，进入实体仿真

（14）仿真加工及生成 G 代码。

仿真加工：单击"运行"按钮 ![]→开始仿真加工，检查刀具轨迹等待自动加工完成，如图 5-1-25 所示。

加工完成后，单击 ![]→回到加工轨迹管理画面，如图 5-1-26 所示。

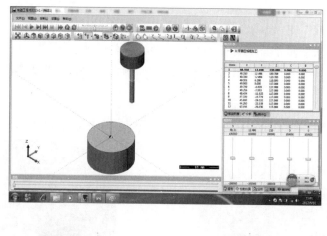

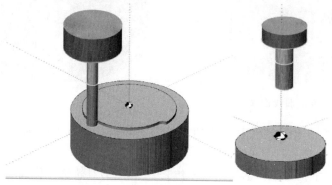

图 5-1-25　仿真加工过程

图 5-1-26　加工轨迹管理画面

（15）生成 G 代码：在 "加工" 菜单选择→"后置处理"→"生成 G 代码"→弹出 "生成后置代码" 对话框，选择数控系统为 "huazhong"（可以根据实际加工机床的系统，生成相应的数控系统格式），如图 5-1-27 所示。

单击"生成后置代码"对话框的"确定"按钮，建模图形左下角提示："拾取刀具轨迹"→右击鼠标→弹出记事本 G 代码文件，如图 5-1-28 所示，完成操作，将记事本 G 代码上传机床寄存器，进行自动加工。

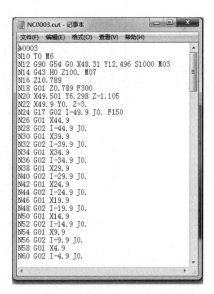

图 5-1-27 "生成后置代码"对话框   图 5-1-28 生成文本格式 G 代码

注意：仿真过程中，按住鼠标中间滚轮可以旋转、缩放零件，用于观察加工走刀路线，检验刀路是否正确；仿真完成后，单击仿真窗口"分析"按钮，将仿真加工后模型与设计模型对比，检验切削结果正确性。

◆ **任务训练**

利用本任务所学，完成 50×60 平面轮廓铣削，铣削深度为 2mm。

任务二　铣平面型腔

◆ **任务引入**

加工图 5-2-1 所示零件图：将一块 $100 \times 100 \times 50$ 的矩形毛坯，经铣削加工，成为 $80 \times 80 \times 20$ 带有圆角 $R = 20$ 的容器零件，用 CAXA 自动铣削加工，并生成 G 代码。

◆ **任务指导**

一、分析与说明

（1）该零件加工上表面凹槽部分，考虑到凹槽圆角半径为 $R20$，选用直径 $\leqslant \phi 40$ 立铣刀进行加工，为了提高加工效率，我们选用 $\phi 30$ 立铣刀进行加工，采用"平面区域粗加工"的自动加工方法进行铣削加工。

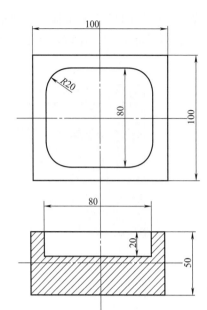

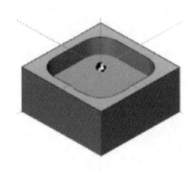

图 5-2-1　零件尺寸及加工后示意图

（2）为保证零件加工原点与设计原点重合，方便后续对刀加工，在创建实体模型时，将工件坐标原点放置在模型的顶面中心上。

（3）加工该零件可不绘制实体模型，直接用二维平面图进行刀具轨迹生成加工，本任务我们采用生成实体模型方法进行刀具轨迹生成加工。

二、关键步骤精讲

（1）首先使用前面学过的知识，用实体造型方法创建实体模型，并生成毛坯。

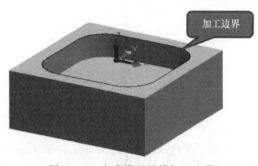

图 5-2-2　生成模型凹槽加工边界

（2）选择"相关线-实体边界"按钮，单击模型凹槽轮廓上表面的轮廓线作为加工的边界（图 5-2-2）。

（3）找到"轨迹管理"树内的"模型"选项，进行双击，如果系统中已有曲面和实体，模型窗口就会显示出来该曲面或实体，如图 5-2-3 所示。假如工作区没有曲面与实体，只有线框造型，那么"模型参数"将显示空白。然后将"模型包含不可见曲面"和"模型包含隐藏层中的曲面"两项前面的复选框取消，单击"确定"。

（4）选择"轨迹管理"树当中的"毛坯"按钮，进行双击→打开"毛坯定义"对话框→选择"毛坯类型"→"圆柱形"→点击"线框"→显示"真实感"→选择"参照模型"→单击"确定"。此时模型变成系统毛坯显示，如图 5-2-4 所示。

（5）选择"平面区域粗加工"加工方法，弹出"平面区域粗加工（创建）"对话框，"加工参数"选项卡的内容填写方法，如图 5-2-5 所示。

图 5-2-3　实体模型

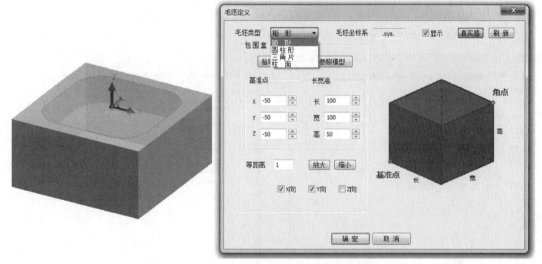

图 5-2-4　"毛坯定义"对话框

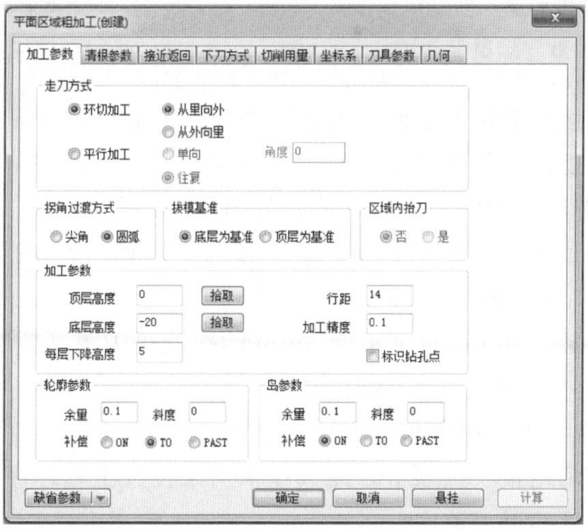

图 5-2-5　"平面区域粗加工（创建）"对话框—"加工参数"选项卡

【参数】

· 走刀方式：采用从里向外环切加工，铣型腔时，铣刀从型腔中心进刀，刀具轨迹逐渐向外扩展。

· 拐角过渡方式：圆弧，为了加工工件拐角部分走刀更加平顺，选择"圆弧"拐角过渡方式。

· 加工参数：顶层高度是刀具加工第一层开始的高度，处在加工坐标系 Z 轴 0 位置。底层高度是刀具加工的最后一层所在高度，处于工件型腔的底部，工件型腔深 20mm，所以取—20mm。每层下降高度：相邻两层加工轨迹的距离，也就是每层切削的材料厚度，取 5mm。行距：刀具轨迹相邻两行之间的距离，我们取刀具半径 15 的立铣刀，为了使加工过程中避免留下残留高度，行距取 14。

· 轮廓参数：余量 0.1，工件加工完后各尺寸留 0.1 的精加工余量。补偿：选"TO"刀具轴心与轮廓线相差一个刀具半径。

（6）"清根参数"选项卡的内容填写方法，如图 5-2-6 所示。

本次加工不使用"清根参数"选项卡提供的功能，选择"不清根"。

（7）"接近返回"选项卡的内容填写方法，如图 5-2-7 所示。

图 5-2-6　"平面区域粗加工（创建）"
对话框—"清根参数"选项卡

图 5-2-7　"平面区域粗加工（创建）"
对话框—"接近返回"选项卡

加工该零件我们直接从毛坯上表面下刀铣削型腔，不需要设置刀具从 X、Y 方向的切入和返回方式，所以"接近返回"选项卡选择"不设定"。

（8）"下刀方式"选项卡的内容填写方法，如图 5-2-8 所示。

该零件结构简单，顶层高度处于加工坐标系 Z 轴 0 位置，"安全高度"选择 30mm，慢速下刀距离选择 10mm，退刀距离选择 10mm。

切入方式：采用半径 15mm，近似节距 5mm 的螺旋进刀方式进行下刀，比垂直下刀方式切削力均衡，可使工件振动小，刀具寿命长。

（9）"切削用量"选项卡的内容填写方法，如图 5-2-9 所示。

每种加工都有"切削用量"选项卡，此选项卡用来设置主轴转速、慢速下刀速度、切入切出连接速度、切削速度和退刀速度。

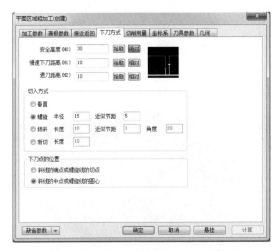

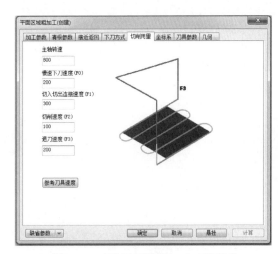

图 5-2-8　"平面区域粗加工（创建）"
对话框—"下刀方式"选项卡

图 5-2-9　"平面区域粗加工（创建）"
对话框—"切削用量"选项卡

切削用量参数根据实际使用的刀具材料和工件材料的特点进行综合考虑后，再设置。

（10）"坐标系"选项卡的内容填写方法，如图 5-2-10 所示。

在建模时，系统坐标系各个轴方向与机床坐标系各轴方向重合，原点一致，此选项卡不需要设置。

（11）"刀具参数"选项卡的内容填写方法，如图 5-2-11 所示。

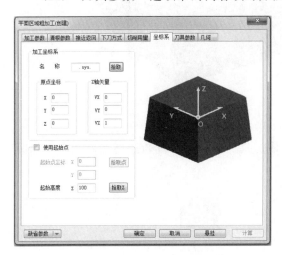

图 5-2-10　"平面区域粗加工（创建）"
对话框—"坐标系"选项卡

图 5-2-11　"平面区域粗加工（创建）"
对话框—"刀具参数"选项卡

根据所使用的刀具类型填写刀具参数、刀具号、长度补偿、半径补偿，也可以在刀库中选择现有的刀具。

（12）"几何"选项卡的内容填写方法，如图 5-2-12 所示。

"几何"用来拾取和删除在加工中用到的曲线、曲面、加工方向、进退刀点等参数。该选项卡在每个加工功能对话框中都有。

拾取箭头顺时针方向为链搜索方向，如图 5-2-13 所示。

图 5-2-12 "平面区域粗加工（创建）"对话框—"几何"选项卡

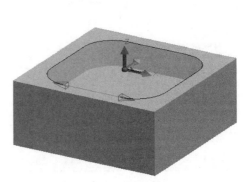

图 5-2-13 链搜索方向

点击"几何"选项卡的"确定"按钮，生成零件加工刀具轨迹，如图 5-2-14 所示。

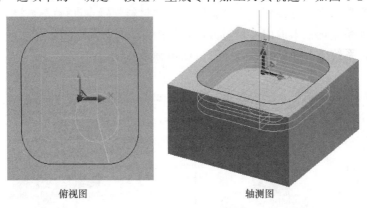

俯视图   轴测图

图 5-2-14 生成的刀具轨迹

（13）右击"轨迹管理"空白处，选择"实体仿真"→拾取刀具轨迹→仿真加工。如图 5-2-15 所示。

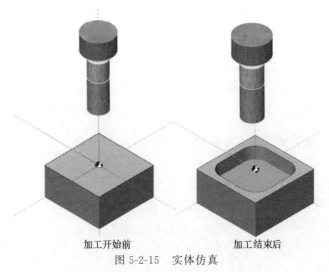

加工开始前   加工结束后

图 5-2-15 实体仿真

（14）回到刀具轨迹窗口，空白处右击鼠标选择→"后置处理"→"生成 G 代码"→点击"确定"→拾取刀具轨迹→右击鼠标，生成 G 代码文本文件，如图 5-2-16 所示。

生成的 G 代码文本文件可以通过机床专用上传软件传入机床中，对机床进行对刀后，直接加工。

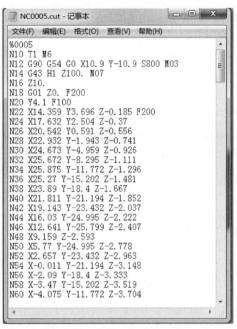

图 5-2-16 生成文本格式 G 代码

◆ 任务训练

利用本任务所学，完成一块 $150 \times 100 \times 60$ 的矩形毛坯，经铣削加工，成为带有 $120 \times 80 \times 20$ 带有圆角 $R = 18$ 的容器零件。模型参考图5-2-1。

任务三　平面轮廓精加工

◆ 任务引入

平面轮廓精加工常用于平面类零件的外轮廓和内轮廓加工，主要用于加工封闭和不封闭轮廓，支持轮廓具有拔模斜度的轨迹生成，可以生成每一层定义不同余量的轨迹。加工如图 5-3-1 所示零件，毛坯尺寸为 60×40，凸台拔模斜度为 $5°$，仿真加工完成后，查看并保存 G 代码。

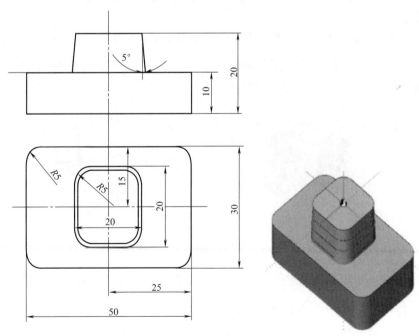

图 5-3-1 零件尺寸及加工后示意图

◆ 任务指导

一、分析与说明

（1）该零件加工的部位是底座与凸台部分，我们用直径为 $\phi 20$ 立铣刀进行加工，选用"平面轮廓精加工"的自动加工方法进行铣削，先加工 50×30 底座部分，然后用同样方法加工 20×20 凸台部分，需要进行两次"平面轮廓精加工"参数设置，先后生成两组刀具轨迹。

（2）为保证零件加工原点与设计原点重合，方便后续对刀加工，在创建实体模型时，将工件坐标原点放置在模型的顶面中心上。

（3）加工该零件可不绘制实体模型，直接用二维平面图进行刀具轨迹生成加工。

二、关键步骤精讲

1. 底座加工

（1）绘制被加工零件二维平面轮廓图，如图 5-3-2 所示。

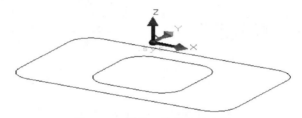

图 5-3-2　零件二维平面轮廓图

（2）双击"轨迹管理"树内的"毛坯"按钮，打开"毛坯定义"对话框→"毛坯类型"选择"矩形"→"线架"显示→"包围盒"输入基点坐标值，具体数值如图 5-3-3 所示，单击"确定"按钮。

此时，毛坯线架结构显示在绘图工作区中，如图 5-3-4 所示。

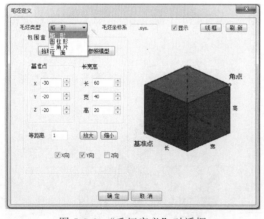

图 5-3-3　"毛坯定义"对话框

图 5-3-4　毛坯线架结构

（3）在工具栏中找到"平面轮廓精加工"按钮 ，单击后，弹出"平面轮廓精加工（创建）"对话框，对"加工参数""接近返回""下刀方式""切削用量""坐标系""刀具参数""几何"选项卡进行设置。

"加工参数"选项卡设置内容，如图 5-3-5 所示。

图 5-3-5　"平面轮廓精加工（创建）"对话框—"加工参数"选项卡

【参数】

- 加工参数：

加工精度：是设计出的加工模型与实际加工出的零件的形状相符合的程度。加工精度设置的值越大，加工出的零件表面越粗糙。加工精度设置的值越小，零件表面越光滑，与设计模型的误差也越小，但是生成的加工轨迹段的数目也就增加，数据量变大。粗加工一般设置加工精度为 0.1，精加工一般设置加工精度为 0.01。

拔模斜度：加工具有拔模斜度的一类工件时，输入拔模斜度值。底座不带拔模斜度，所以设置"0"。

刀次：水平 XY 面内刀具轨迹的行数，根据余量大小和使用刀具的直径综合考虑，保证加工过程不存在漏切的情况下确定刀次，如图 5-3-6 所示。

顶层高度：零件加工的最高点，可以用鼠标在模型上直接拾取或者直接输入数值。

底层高度：零件加工的最低点，也就是零件加工的最大深度，可以用鼠标在模型上直接拾取或者直接输入数值。

每层下降高度：刀具轨迹临近两层的高度差，也可称为层高；根据输入值会自动从顶层高度开始向下计算，可参照前面介绍的

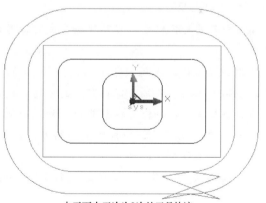

水平面内刀次为2次的刀具轨迹

图 5-3-6　水平面内刀具轨迹示意图

"平面区域粗加工"中的"加工参数"→"每层下降高度"。

- 偏移方向：左偏和右偏分别指的是沿着加工的走刀方向，刀具在轨迹的左侧为左偏，刀具在轨迹的右侧为右偏，默认以毛坯形状的顺时针方向作为基准。

- 拐角过渡方式：当切削过程中遇到拐角时的处理方式。有圆弧过渡方式和尖角过渡

方式两种，可参照前面介绍的"平面区域粗加工"中的"拐角过渡方式"。

• 走刀方式：是刀具轨迹行与行之间的连接方式。单向：刀具加工完一次轨迹，到达刀位终点后，抬刀到安全高度，再快速移动到下一行刀位首点，垂直下刀，然后沿相同的方向进行加工。往复：同一层的刀具轨迹方向可以往复加工。

• 偏移类型：①ON：刀具中心线与轮廓重合。②TO：在轮廓内，刀具中心线与轮廓线相差一个刀具半径。③PAST：在轮廓外，刀具中心线与轮廓线相差一个刀具半径，可参照前面介绍的"平面区域粗加工"中的"补偿"。

• 行距定义方式：此参数是在确定"刀次"为大于或等于两次时使用，刀具加工的行距有两种定义方式。行距方式：工件加工完的余量是确定的，每次加工之间的行距是确定的，也叫等行距加工。余量方式：定义每刀加工完在 XY 平面尺寸方向所留的余量，也称为不等行距加工。这种设置方式，非常适合精加工时对于最终尺寸的逐渐逼近加工，可以定义每刀加工后所留的余量是多少，最多可定义 10 次加工余量，如果在"刀次"中定义为 2，那么"定义加工余量"对话框可定义 2 次加工余量，如图 5-3-7 所示。

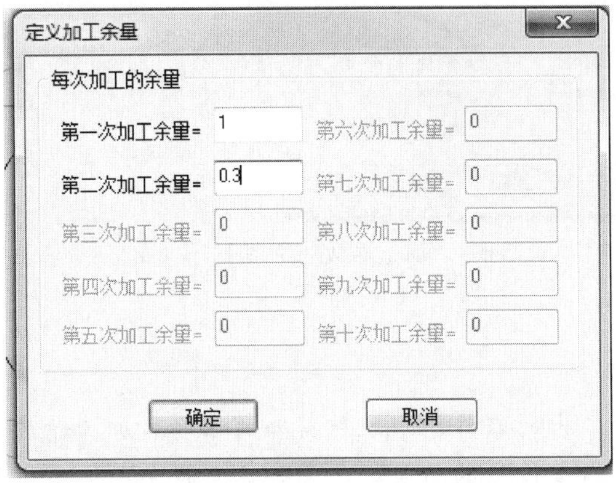

图 5-3-7　"定义加工余量"对话框

• 拔模基准：加工具有拔模斜度的一类工件时，工件底层轮廓和顶层轮廓的大小不一样的情况下使用。底层为基准：以底层轮廓为基准进行拔模，与拔模斜度配合使用。顶层为基准：以顶层轮廓为基准进行拔模，与拔模斜度配合使用。可参照前面介绍的"平面区域粗加工"中的"拔模基准"。

• 其他选项：

生成刀具补偿轨迹：刀具轨迹生成时，考虑实际刀具的半径补偿值大小，进行计算刀具轨迹。

添加刀具补偿代码（G41/G42）：生成的 G 代码程序中添加 G41/G42 刀补调用指令，可以调用人工输入到机床寄存器中的刀具补偿值。

样条转圆弧：将轮廓样条曲线，转化为相似的圆弧曲线，便于计算刀具轨迹。

• 抬刀：加工轨迹衔接处是否抬刀，根据实际加工情况确定是否抬刀，抬刀过程可以避免刀具对工件产生过切。

• 层间走刀：是指刀具轨迹层与层之间的下刀连接方式，提供单向、往复、螺旋三种方式。

"接近返回"选项卡在本次加工中选择"不设定"。"平面轮廓精加工"中的"接近返回"选项卡与前面介绍的"平面区域粗加工"中的"接近返回"选项卡意义相同，设置方式相同。

"下刀方式"选项卡"安全高度"设置如图 5-3-8 所示，"切入方式"选择"垂直"，加工外轮廓时，由于刀具从工件轮廓外侧下刀后才切入工件，因此下刀过程中不存在切削振动和切削抗力，所以可以直接垂直下刀。

"切削用量"设置方式如图 5-3-9 所示，此选项卡在实际加工设置时，需要考虑工件材料、刀具材料和大小，确定合理数值。

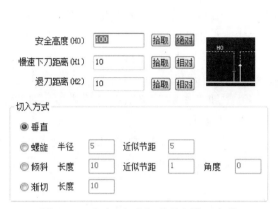

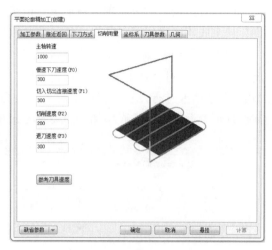

图 5-3-8　"下刀方式"选项卡设置参数

图 5-3-9　"平面轮廓精加工（创建）"
对话框—"切削用量"选项卡

"坐标系"选项卡在此不做设置，因为在创建加工模型时考虑了坐标系的合理建立，直接默认模型设计坐标系与加工坐标系重合。

"刀具参数"选项卡中选用直径为 $\phi 20$ 立铣刀，并定义其尺寸。

"几何"选项卡单击"轮廓曲线"按钮→拾取底座外轮廓线→选择顺时针箭头，单击"确定"，生成绿色的刀具轨迹，如图 5-3-10 所示。

（4）单击进刀线或退刀线→刀具轨迹线变为红色→右击鼠标→选择"实体仿真"进行仿真加工，如图 5-3-11 所示。

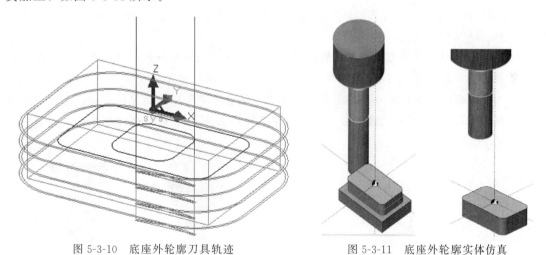

图 5-3-10　底座外轮廓刀具轨迹

图 5-3-11　底座外轮廓实体仿真

2. 凸台加工

（1）在生成凸台刀具加工轨迹之前，为了使界面干净整洁，不容易出现误操作，可以将先前生成的底座加工刀具轨迹进行隐藏：鼠标左键单击刀具轨迹→轨迹变为红色→右击鼠标，选择"隐藏"，此时底座刀具加工轨迹消失，便于接下来的操作。如想显示被隐藏的刀具轨迹，可以在"轨迹管理树"中找到底座的"平面轮廓精加工"刀具轨迹选项，右击鼠标，选择"显示"，被隐藏的刀具轨迹就显示出来了。

（2）直接点击"平面轮廓精加工"按钮，进行参数设置来加工凸台，加工凸台的操作流程与加工底座的操作流程基本一致，在此做简要说明。

在工具栏中找到"平面轮廓精加工"按钮 ✎，单击后，弹出"平面轮廓精加工（创建）"对话框，对"加工参数""接近返回""下刀方式""切削用量""坐标系""刀具参数""几何"选项卡进行设置。我们将对"加工参数"和"几何"选项卡的设置方式进行讲解，其他选项卡设置方式与底座加工的设置方式相同，在此不再赘述。

图 5-3-12 "平面轮廓精加工（编辑）"
对话框—"加工参数"选项卡

"加工参数"选项卡设置内容，如图 5-3-12 所示。

凸台加工后，要求拔模斜度为 5°，"加工参数"选项卡中，"拔模斜度"设置为 5°。

凸台尺寸为 20×20，底座尺寸为 50×30，为了避免刀具在水平面 XY 内切削受力太大，设置"刀次"为 3 次，分 3 刀去除 (50−20)÷2=15 的最大水平面 XY 内余量。

凸台高度为 10，"顶层高度"设置为"0"，"底层高度"设置为"−10"，"每层下降高度"为"3"。

凸台"加工参数"选项卡其余设置方式同底座中"加工参数"选项卡设置。

"几何"选项卡单击"轮廓曲线"按钮→拾取凸台轮廓线→选择顺时针箭头，单击"确定"，生成绿色的刀具轨迹，如图 5-3-13 所示。

（3）单击进刀线或退刀线→刀具轨迹线变为红色→右击鼠标→选择"实体仿真"进行仿真加工，如图 5-3-14 所示。

（4）将隐藏的底座加工轨迹显示出来，在"轨迹管理树"中点击鼠标左键，选择"刀具轨迹，共 2 条"，两条刀具轨迹都被选中了，在"轨迹管理树"空白处右击鼠标，选中"实

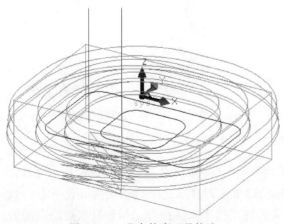

图 5-3-13 凸台轮廓刀具轨迹

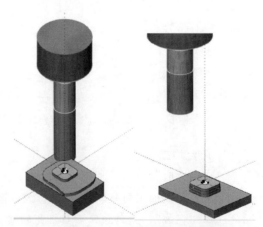

图 5-3-14 凸台轮廓实体仿真

体仿真"对两条加工轨迹进行仿真加工，如图 5-3-15 所示。

注意：选择两条加工轨迹时，可以按 Ctrl 键，用鼠标分别点击两条加工轨迹，进行逐个选择。

参照"平面区域粗加工"中的步骤生成 G 代码，如图 5-3-16 所示。

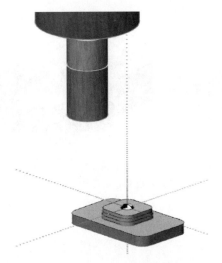

图 5-3-15　底座与凸台轮廓实体仿真

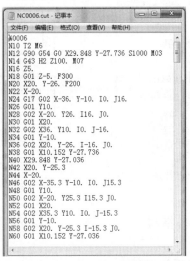

图 5-3-16　生成文本格式 G 代码

◆ 任务训练

利用本任务所学，完成图 5-3-17 所示零件加工。

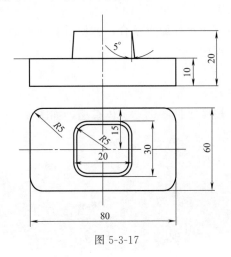

图 5-3-17

任务四　孔加工

◆ 任务引入

孔加工指的是自动生成钻孔的加工指令，该指令可以实现多种类型孔的加工，包括钻孔、扩孔、镗孔、铰孔、锪孔等,如图 5-4-1 所示有 12 种钻孔方式可供选择。用"孔加工"方法,加工图 5-4-2 所示的零件孔,生成加工轨迹并查看 G 代码。

图 5-4-1 孔加工选项

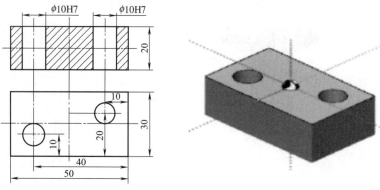

图 5-4-2 零件尺寸及加工后示意图

◆ **任务指导**

一、分析与说明

(1) 该零件加工要求是具有较高精度的两个通孔 ϕ10H7,该孔有一定的精度要求,为了达到孔要求的精度,不能直接用钻头一步到位加工出孔,这样容易超差,所以分两步进行加工,先粗加工,用 ϕ9.8 钻头加工出底孔,然后精加工,用 ϕ10 的铰刀铰孔,达到零件图纸孔尺寸要求,选用"孔加工"功能进行加工。

(2) 为保证零件加工原点与设计原点重合,方便后续对刀加工,在创建实体模型时,将工件坐标原点放置在模型的顶面中心上。

二、关键步骤精讲

(1) 用实体造型方法,按照零件图创建实体模型,如图 5-4-3 所示。

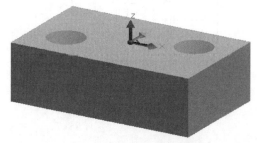

图 5-4-3 创建实体模型

(2) 在"轨迹管理"树内,找到"毛坯"进行双击,在"毛坯定义"对话框中,"毛坯类型"→"矩形"→"真实感"显示,在"包围盒"点击"参照模型"定义加工毛坯,如图 5-4-4所示。

(3) 在"曲线生成"工具栏中找到"相关线" [图标],单击"相关线"按钮,在"命令行"选择"实体边界",然后在模型上表面选择两圆孔的边界,生成孔边界相关线,如图 5-4-5 所示。

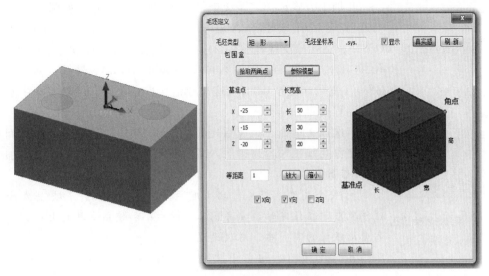

图 5-4-4　"毛坯定义"对话框

图 5-4-5　生成加工边界线

（4）先进行 ϕ9.8 底孔的粗加工。找到"孔加工" ⟡ 按钮，单击弹出"钻孔（创建）"对话框，对"加工参数"选项卡进行设置，如图 5-4-6 所示。

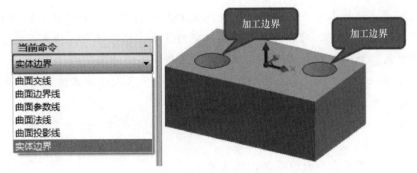

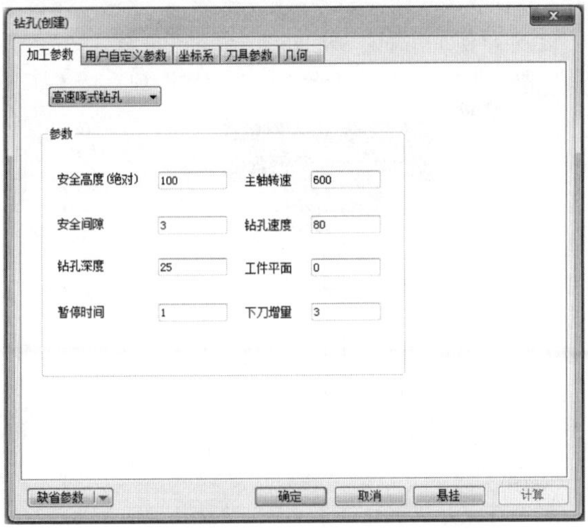

图 5-4-6　"钻孔（创建）"对话框—"加工参数"选项卡

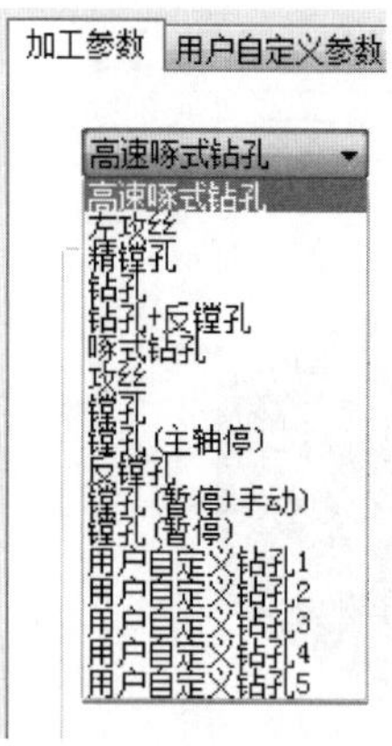

孔加工方式选择，系统提供了12种钻孔模式，如图5-4-7所示。高速啄式钻孔（G73）、左攻丝（G74）、精镗孔（G76）、钻孔（G81）、钻孔＋反镗孔（G82）、啄式钻孔（G83）、攻丝（G84）、镗孔（G85）、镗孔（主轴停G86）、反镗孔（G87）、镗孔（暂停＋手动G88）、镗孔（暂停G89），这几种钻孔指令含义，可参照华中数控铣钻孔编程指令。

本次加工选择"高速啄式钻孔"（G73），G73用于Z轴的间歇进给，使深孔加工时容易排屑，减少退刀量，可以进行高效率的加工。

【参数】

• 安全高度：刀具在此高度运动，不会与工件和夹具发生干涉碰撞现象，在设定时，要考虑工件的大小和使用夹具的大小，所以此高度应设置的高一些，本次设置100。

• 安全间隙：相当于"平面轮廓精加工"中的"慢速下刀距离"；即将钻孔时，钻头与工件表面以进给速度下刀的距离；钻头从"安全高度"快速下刀到达位置点，由这一点开始按钻孔速度进行钻孔，本次加工设置3。

• 钻孔深度：被加工孔的深度。从孔所在表面高度向下计算的深度，设为正值，本次加工设置25，由于孔深20，对刀时，以钻头刀尖为基准，钻孔时应把钻头刀尖考虑到。

• 暂停时间：加工到给定深度后，刀具在孔底部停留的时间。

• 主轴转速：孔加工时，机床主轴转速，根据钻头直径大小和工件材料确定主轴转速，本次加工设置600r/min。

• 钻孔速度：孔加工时，刀具的进给速度，根据钻头直径大小和工件材料确定，本次加工设置80mm/min。

• 工件平面：孔所在平面的高度，默认为0。

• 下刀增量：孔加工时，有的钻孔指令的钻孔过程是间歇进给的，指每次间歇进给的增量值，根据钻头直径和工件材料确定，本次加工设置3。

（5）对"刀具参数"选项卡进行设置，给出钻头的尺寸等相关数值，如图5-4-8所示。

图5-4-7　系统12种钻孔模式选项

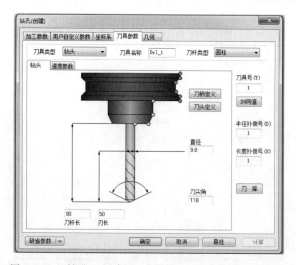

图5-4-8　"钻孔（创建）"对话框—"刀具参数"选项卡

（6）对"几何"选项卡进行设置，如图 5-4-9 所示。

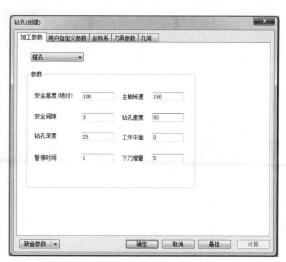

图 5-4-9　"高速啄式钻孔（创建）"对话框—"几何"选项卡

孔加工点的选择有以下几种：

① 鼠标点取：用鼠标直接拾取工件上的已知点，确定孔的位置。

② 拾取圆弧：用拾取圆弧的方式来确定孔的位置。

③ 拾取存在点：通过拾取用点工具生成的点来确定孔的位置。

④ 清空：清空已经拾取好的点。

本次加工，通过"拾取圆弧"的方式，直接拾取孔边界的相关线来确定孔位置，拾取后，点击"确定"按钮，生成钻孔刀具轨迹，如图 5-4-10 所示。

（7）进行 $\phi10$ 底孔的精加工。找到"孔加工"　按钮，弹出"钻孔（创建）"对话框，对"加工参数"选项卡进行设置，镗孔相比钻孔，"主轴转速"和"钻孔速度"要设置低一些，可以保证孔内壁的表面质量，如图 5-4-11 所示。

图 5-4-10　钻孔刀具轨迹

图 5-4-11　"钻孔（创建）"对话框—"加工参数"选项卡（镗孔）

孔加工系统中的"镗孔"实际上就是要进行的"铰孔"加工方式 G85，主轴正转，到达孔深度后，在孔底暂停，然后退刀。

（8）对"刀具参数"选项卡进行设置，给出铰刀的尺寸等相关数值，如图 5-4-12 所示。

图 5-4-12 "镗孔（编辑）"对话框—"刀具参数"选项卡

注：系统默认刀具为钻头，我们按照铰刀的尺寸对钻头进行设置。

（9）对"几何"选项卡进行设置，选择孔边界的"相关线"生成镗孔刀具轨迹，如图 5-4-13 所示。

（10）选中"高速啄式钻孔"和"镗孔"刀具轨迹，进行实体仿真，并生成 G 代码（方法参见平面轮廓粗加工相关知识），如图 5-4-14 所示。

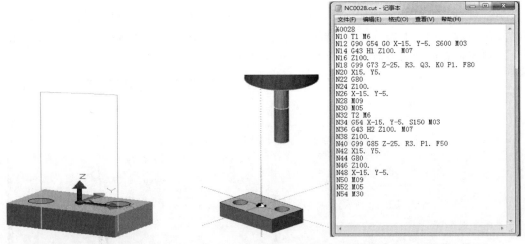

图 5-4-13 铰孔刀具轨迹　　　　图 5-4-14 钻孔加工实体仿真及文本格式 G 代码

◆ **任务训练**

利用前面所学，完成图 5-4-15 所示零件编程与仿真加工。

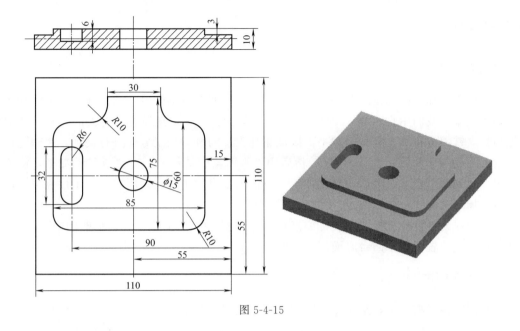

图 5-4-15

任务五 平面轮廓铣削综合应用

◆ 任务引入

运用前面已经学过的知识，对较复杂的平面轮廓零件进行加工，巩固已学过的平面轮廓零件加工的各种方法，根据每种加工方法的特点能够灵活运用适合的加工策略。加工图 5-5-1所示零件，仿真加工后查看并保存 G 代码（毛坯尺寸 100×80×40）。

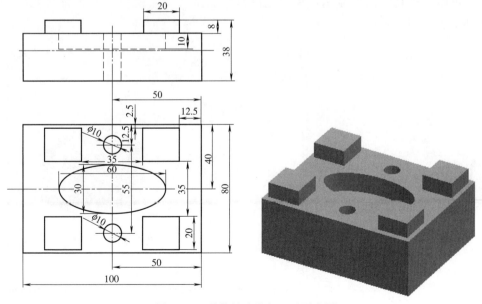

图 5-5-1 零件尺寸及加工后示意图

◆ 任务指导

一、分析与说明

（1）该零件加工的部位主要是上表面的椭圆孔、四个方形凸台、两个通孔，为了达到良好的加工效率，我们用直径为 $\phi20$（零件空间允许的情况下，选择直径越大的刀具，切削效率越高）立铣刀进行加工，先用"平面区域粗加工"的自动加工方法进行铣削，去除毛坯大量余量，毛坯加工后留 0.3mm 余量；然后用"平面轮廓精加工"方法进行精加工，使零件毛坯尺寸达到图纸要求；最后用"孔加工"方法加工出两个通孔；所有加工工序完成后，将四组自动加工程序进行仿真加工，并生成 G 代码。

（2）为保证零件加工原点与设计原点重合，方便后续对刀加工，在创建实体模型时，将工件坐标原点放置在四个凸台底面所在面的中心上。

二、关键步骤精讲

（1）用实体造型方法，按照零件图创建实体模型，如图 5-5-2 所示。

图 5-5-2　创建实体模型

（2）在"轨迹管理"树内，找到"毛坯"进行双击，在"毛坯定义"对话框中，"毛坯类型"→"矩形"→"真实感"显示，在"包围盒"点击"参照模型"定义加工毛坯，如图 5-5-3所示。

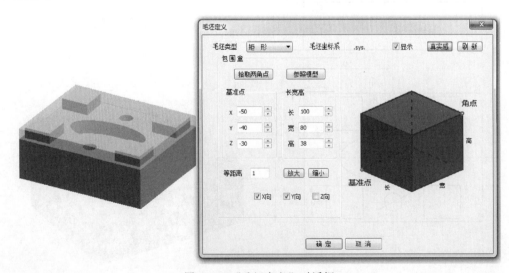

图 5-5-3　"毛坯定义"对话框

（3）在"曲线生成"工具栏中找到"相关线" ，单击"相关线"按钮，在"命令行"选择"实体边界"，然后在模型上表面选择各轮廓的边界，生成边界相关线作为加工边界，如图5-5-4所示。

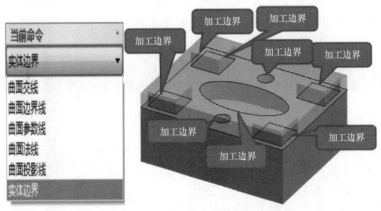

图5-5-4 生成实体加工边界线

（4）粗加工，加工四个凸台轮廓，留出0.3mm余量。找到"平面区域粗加工" 按钮，单击→弹出"平面区域粗加工（创建）"对话框，对"加工参数"选项卡进行设置，如图5-5-5所示。

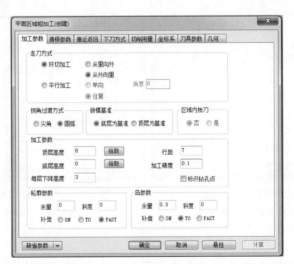

图5-5-5 "平面区域粗加工（创建）"对话框—"加工参数"选项卡

【参数】

• 走刀方式：模型上的四个凸台部位可以认为是"平面区域粗加工"中的"岛屿"，采用"环切加工"更为高效；为了使实际加工中尽量避免刀具垂直下刀切入工件，引起切削振动和降低刀具寿命，下刀时，尽量使刀具在毛坯外侧进行下刀，选"从外向里"切削。

• 拐角过渡方式：设置"圆角"，能够一次切削掉不需要的毛坯余量。

• 拔模基准：不需要设置，本次加工中零件没有拔模斜度要求。

• 区域内抬刀：灰色不可选。

• 加工参数："顶层高度"是凸台顶面高度Z值为8，"底层高度"是指底面处在加工坐标系 Z 值为 0；"每层下降高度"设置为 3（此项设置值需根据实际加工毛坯材料和刀具材料、加工速度、进给速度等综合考虑进行设置）；"行距"根据所选刀具直径设置，本次加工所用刀具为 φ20，加工行距应小于刀具值 20，加工后才不会在毛坯表面留有残余量；"加工精度"设置为 0.1，粗加工设置值大一些，有利于减少程序数量，提高加工效率。

- 轮廓参数："外轮廓"不进行加工，但要考虑刀具从外轮廓的外部进刀切削，选择"PAST"。
- 岛参数：设置四个凸台余量 0.3，刀具围绕凸台四周切削，选择"TO"。

"清根参数"选项卡的内容填写方法，如图 5-5-6 所示。

【参数】

- 轮廓清根：外轮廓不加工，选"不清根"。
- 岛清根：对凸台"岛屿"进行"清根"操作，余量设置 0.3。
- 清根进刀方式：垂直。
- 清根退刀方式：垂直。

"接近返回"选项卡在本次加工中选择"不设定"。

"下刀方式"选项卡设置如图 5-5-7 所示。

图 5-5-6 "平面区域粗加工（创建）"
对话框—"清根参数"选项卡

图 5-5-7 "平面区域粗加工（创建）"
对话框—"下刀方式"选项卡

【参数】

- 安全高度：设定值为 30，由于工件最高点为 8，刀具移动过程不会产生碰撞。
- 慢速下刀距离：设定值为 10，刀具快速移动到 Z 轴距离工件 10mm 位置开始以 G01 速度接近工件。
- 退刀距离：切削完成后，刀具以 G01 速度退出 Z 轴方向 10mm 后，开始快速移动。
- 切入方式：设置为"垂直"，刀具下刀位置为毛坯轮廓外侧，直接垂直下刀，可提高加工效率。

"切削用量"设置方式如图 5-5-8 所示，此选项卡在实际加工设置时，需要考虑工件材料、刀具材料和刀具大小，确定合理数值。

"坐标系"选项卡在本次加工中不需要设定。

"刀具参数"选项卡设置本次加工所使用的刀具参数，如图 5-5-9 所示。

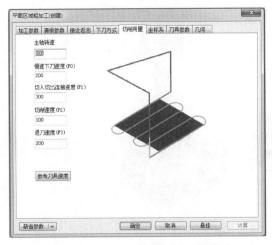

图 5-5-8 "平面区域粗加工（创建）"
对话框—"切削用量"选项卡

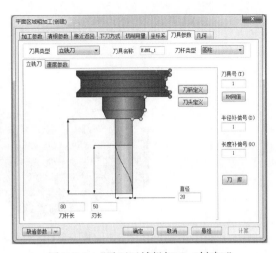

图 5-5-9 "平面区域粗加工（创建）"
对话框—"刀具参数"选项卡

"几何"设置方式如图 5-5-10 所示，点击"轮廓曲线"选择模型外轮廓线，选择顺时针链搜索方向，右击鼠标确认，点击"岛屿曲线"选择四个凸台外轮廓，选择顺时针链搜索方向，右击鼠标确认。

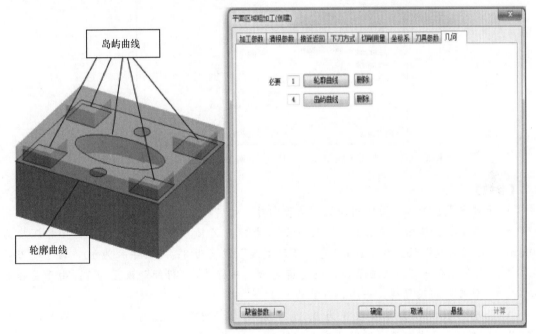

图 5-5-10 "平面区域粗加工（创建）"对话框—"几何"选项卡

点击"确认"按钮，生成"平面区域粗加工"加工刀具轨迹，并进行仿真加工，如图 5-5-11 所示。

（5）粗加工，加工椭圆凹槽，留出 0.3mm 余量。将四个凸台加工程序路径进行隐藏，找到"平面区域粗加工" 回 按钮，单击→弹出"平面区域粗加工（创建）"对话框，对"加工参数"选项卡进行设置，如图 5-5-12 所示。

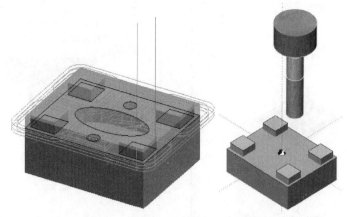

图 5-5-11　加工刀具轨迹及实体仿真

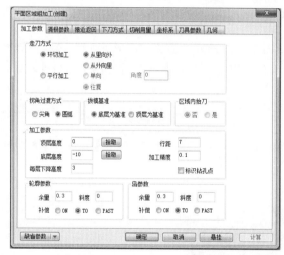

图 5-5-12　"平面区域粗加工（创建）"对话框—"加工参数"选项卡

【参数】

• 走刀方式：加工椭圆凹槽设置"从里向外"的"环切加工"的走刀方式较合适。

• 加工参数：凹槽"顶层高度"处在加工坐标系 Z 轴 0 位置，设置为 0；凹槽深度为 10mm，"底层高度"设置为 -10；"每层下降高度"设置为 3；刀具半径为 10，为了使刀具在加工过程中具有一定的轨迹重合，避免留下加工残留量，"行距"设置为 7；由于是粗加工，"加工精度"值设置得大一些，设置为 0.1。

• 轮廓参数："余量"设置为 0.3，粗加工后，留 0.3mm 余量；"补偿"设置为"TO"，加工时，要求刀具在椭圆轮廓内运动。

• 岛参数：不设定，不存在岛屿。

"清根参数"选项卡在本次加工中选择"不设定"。

"接近返回"选项卡设置如图 5-5-13 所示。

自动生成的刀具切削椭圆凹槽轮廓轨迹，对四个凸台容易发生过切现象，通过设定"强制"进刀点为 X＝0，Y＝0，Z＝0 来避免过切。

"下刀方式"选项卡设置如图 5-5-14 所示。

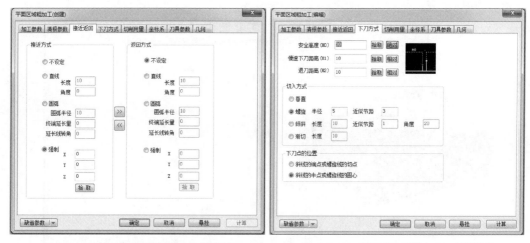

图 5-5-13　"平面区域粗加工（创建）"
对话框—"接近返回"选项卡

图 5-5-14　"平面区域粗加工（创建）"
对话框—"下刀方式"选项卡

【参数】

• 切入方式：本次加工中，刀具直接在工件上表面切入，切削阻力和切削振动较大，因此刀具切入方式设置为"螺旋"进刀，"半径"为5，"近似节距"为3，可以有效减缓切削中的冲击，提高加工表面质量和延长刀具寿命。

"切削用量"设置方式如图 5-5-15 所示，此选项卡在实际加工设置时，需要考虑工件材料，刀具材料和大小，根据经验确定合理数值。

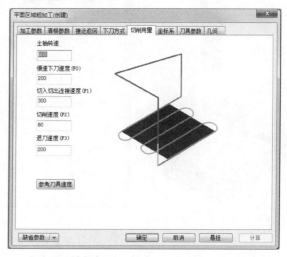

图 5-5-15　"平面区域粗加工（创建）"对话框—"切削用量"选项卡

"坐标系"选项卡在本次加工中不需要设定。

"刀具参数"选项卡继承上一步工序的设置参数，不需要更改。

"几何"设置方式如图 5-5-16 所示，点击"轮廓曲线"选择椭圆凹槽外轮廓线，选择顺时针链搜索方向，右击鼠标确认。

点击"确定"按钮，生成椭圆凹槽"平面区域粗加工"加工轨迹。将上一步工序加工轨迹显示出来，合并选择这两种加工轨迹，进行仿真加工，如图 5-5-17 所示。

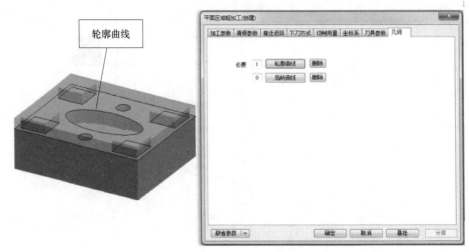

图 5-5-16 "平面区域粗加工（创建）"对话框—"几何"选项卡

（6）精加工四个凸台，余量为 0。将四个凸台和椭圆凹槽粗加工程序路径进行隐藏，找到"平面轮廓精加工" ✎ 按钮，单击→弹出"平面轮廓精加工（创建）"对话框，对"加工参数"选项卡进行设置，如图 5-5-18 所示。

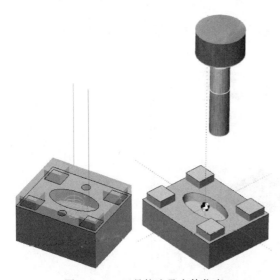

图 5-5-17 刀具轨迹及实体仿真

图 5-5-18 "平面轮廓精加工（编辑）"
对话框—"加工参数"选项卡

【参数】

• 加工参数：粗加工余量为 0.3mm，"刀次"设定为 2 次可将余量切除完毕。

• 行距定义方式：设置"行距方式"为 7；由于"刀次"为 2，可以将凸台所在平面和凸台四周进行精加工。

• 其余参数设置参照前面介绍的知识点。

"接近返回"参数选项卡不设定。

"下刀方式"参数选项卡设置如图 5-5-19 所示。

"切削用量"参数选项卡设置如图 5-5-20 所示。

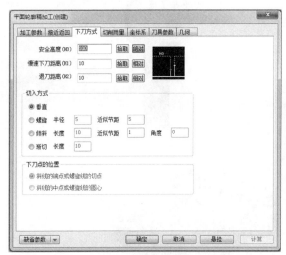
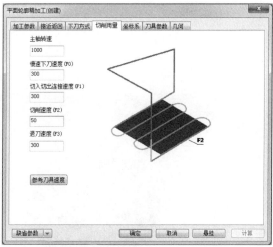

图 5-5-19 "平面轮廓精加工（创建）"
对话框—"下刀方式"选项卡

图 5-5-20 "平面轮廓精加工（创建）"
对话框—"切削用量"选项卡

切削用量参数在精加工时，切削速度相比粗加工设定大一些，进给量相比粗加工设定小一些，具体数值需要考虑工件材料，刀具材料和刀具大小，确定合理数值。

"坐标系"选项卡在本次加工中不需要设定。

"刀具参数"选项卡继承上一步工序的设置参数，不需要更改。

"几何"参数选项卡设置方式如图 5-5-21 所示，点击"轮廓曲线"选择四个凸台轮廓曲线，选择顺时针链搜索方向，右击鼠标确认。

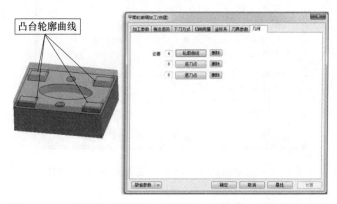

图 5-5-21 "平面轮廓精加工（创建）"对话框—"几何"选项卡

点击"确定"按钮，生成四个凸台"平面轮廓精加工"加工轨迹。将上一步工序加工轨迹显示出来，合并选择加工轨迹，进行仿真加工，如图 5-5-22 所示。

（7）精加工，加工椭圆凹槽，余量为 0。将前几步工序生成的粗精加工程序路径进行隐藏，找到"平面轮廓精加工" ✎ 按钮，单击→弹出"平面轮廓精加工（创建）"对话框，对"加工参数"选项卡进行设置，如图 5-5-23 所示。

【参数】

• 加工参数：椭圆凹槽"顶层高度"为 0，"底层高度"也就是椭圆凹槽深度，设置为 -10。

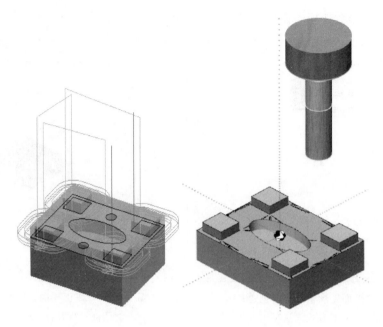

图 5-5-22　加工轨迹及实体仿真

图 5-5-23　"平面轮廓精加工（创建）"对话框—"加工参数"选项卡

• 偏移方向：刀具走刀路径为顺时针，刀具应该在前进方向路径右侧切削才会切除凹槽，设置为"右偏"。

• 偏移类型：配合偏移方向，设置为"TO"。

• 行距定义方式：由于是精加工，加工余量设置值为 0。

• 其余参数设置参照前面介绍的知识。

"接近返回"参数选项卡设置如图 5-5-24 所示。

自动生成的刀具切削椭圆凹槽轮廓轨迹，容易发生过切现象，通过设定"强制"进刀点和退刀点为 X＝0、Y＝0、Z＝0 来避免过切。

"下刀方式"参数选项卡设置同上一步工序精加工，如图 5-5-19 所示。

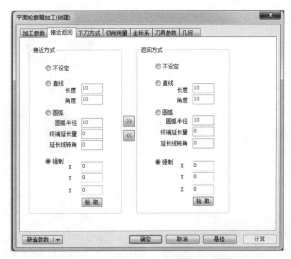

图 5-5-24 "平面轮廓精加工（创建）"对话框—"接近返回"选项卡

"切削用量"参数选项卡设置同上一步工序精加工，如图 5-5-20 所示。

"坐标系"选项卡在本次加工中不需要设定。

"刀具参数"选项卡继承上一步工序的设置参数，不需要更改。

"几何"选项卡设置方式如图 5-5-25 所示，点击"轮廓曲线"选择椭圆凹槽轮廓曲线，选择顺时针链搜索方向，右击鼠标确认。

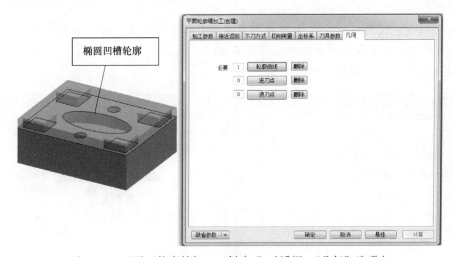

图 5-5-25 "平面轮廓精加工（创建）"对话框—"几何"选项卡

点击"确定"按钮，生成椭圆凹槽"平面轮廓精加工"加工刀具轨迹。将上一步工序加工刀具轨迹显示出来，合并选择加工轨迹，进行仿真加工，如图 5-5-26 所示。

（8）孔加工，加工 ϕ10 的两个孔。将前几步工序生成的粗精加工程序路径进行隐藏，找到"孔加工" 按钮，单击→弹出"钻孔（创建）"对话框，对"加工参数"选项卡进行设置，如图 5-5-27 所示。

【参数】

• 钻孔方式：选择"高速啄式钻孔"G73，这种钻孔方式比较常用，具有加工稳定、散热良好、排屑良好的特点。

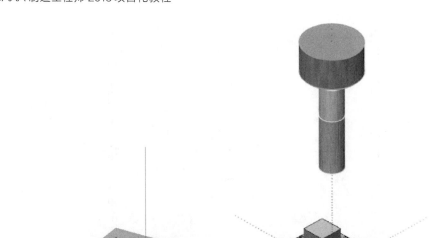

图 5-5-26　刀具轨迹及实体仿真

- 主轴转速和钻孔速度：应根据实际加工材料和钻头材料及钻头直径确定，本次加工主轴转速设定 500r/min，进给量 80mm/min。
- 钻孔深度：设定值为 35，由于钻头头部加工部分为尖角，计算钻孔深度时，应该把钻头刀尖长度尺寸计算在内，所以加工深度为 30＋5＝35。

"刀具参数"选项卡设定如图 5-5-28 所示。

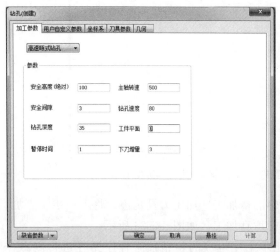

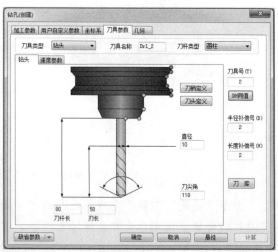

图 5-5-27　"钻孔（创建）"对话框—"加工参数"选项卡　　图 5-5-28　"钻孔（创建）"对话框—"刀具参数"选项卡

"几何"选项卡设置方式如图 5-5-29 所示，点击"拾取圆弧"选择孔的轮廓曲线，右击鼠标确认。

点击"确定"按钮，生成孔"高速啄式钻孔"加工轨迹。将上一步工序加工轨迹显示出来，合并选择加工轨迹，进行仿真加工，如图 5-5-30 所示。

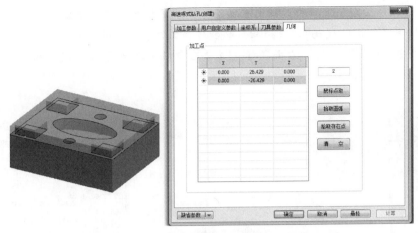

图 5-5-29 "钻孔（创建）"对话框—"几何"选项卡

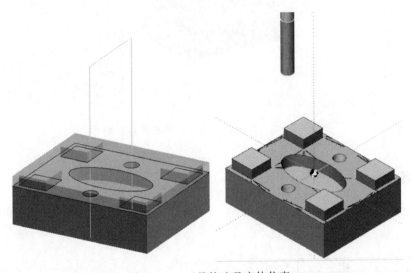

图 5-5-30 刀具轨迹及实体仿真

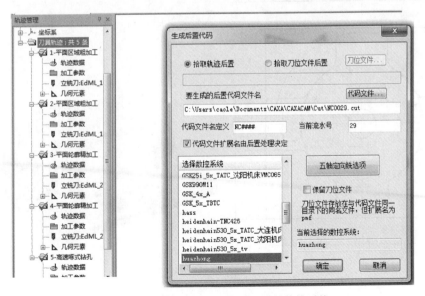

图 5-5-31 选取全部加工轨迹、选择数控系统

（9）在"轨迹管理"窗口中选择相应某个加工轨迹或者选择全部加工轨迹，右击鼠标→"后置处理"→"生成 G 代码"，选择相应的数控加工系统，如图 5-5-31 所示。

（10）点击"确定"按钮，右击鼠标生成被选中刀具轨迹的 G 代码，如图 5-5-32 所示，零件加工程序制作完成。

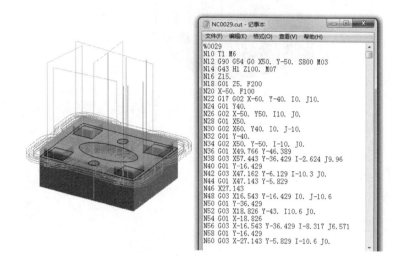

图 5-5-32　生成被选中刀具轨迹及 G 代码

◆ **任务训练**

根据前面所讲完成图 5-5-33、图 5-5-34 所示模型的数控加工。

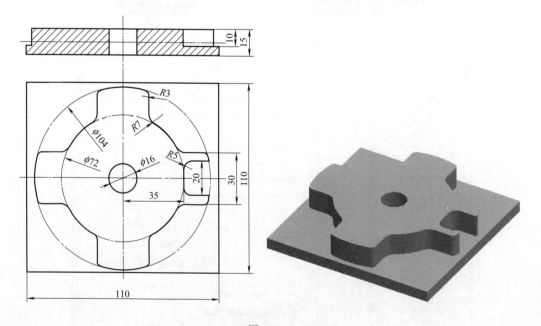

图 5-5-33

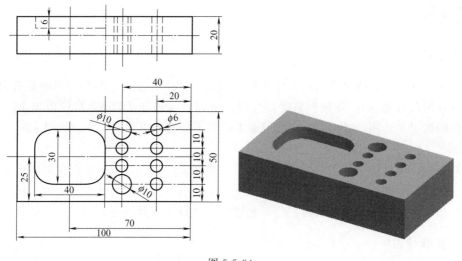

图 5-5-34

任务六 等高线粗加工

◆ 任务引入

完成图 5-6-1 所示零件加工轨迹，并保存 G 代码（毛坯为 120×100×40 的长方体）。

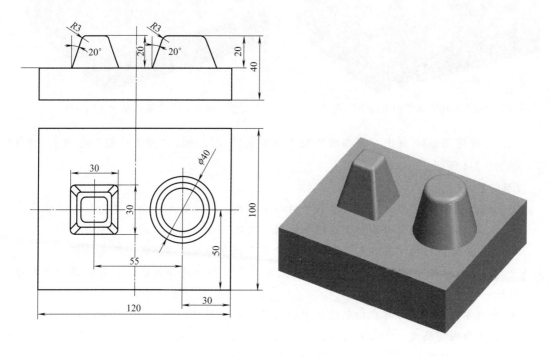

图 5-6-1 零件尺寸和加工后示意图

◆ **任务指导**

一、分析与说明

（1）该零件表面有两个凸台，方形凸台与圆形凸台高度为 20，两凸台顶面都有 $R3$ 圆角过渡，并且两凸台都具有 20°拔模斜度，采用三维刀具轨迹加工，"等高线粗加工"可以完成该零件的加工。选用直径 $\leqslant \phi20$ 立铣刀加工，为了提高加工效率，我们选用 $\phi20$ 立铣刀进行加工。

（2）为保证零件加工原点与设计原点重合，方便后续对刀加工，在创建实体模型时，将工件坐标原点放置在模型的顶面中心上。

（3）加工该零件需要绘制实体模型，创建毛坯，设计刀具轨迹。

二、关键步骤精讲

（1）首先使用前面学过的知识，用实体造型方法创建实体模型，并生成毛坯，如图 5-6-2 所示。

（2）将毛坯隐藏，选择"相关线-实体边界"按钮，→选择上表面岛屿与平面边界轮廓线作为加工的边界，如图 5-6-3 所示。

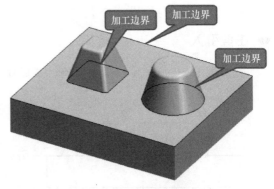

图 5-6-2　利用实体模型生成零件毛坯　　　　图 5-6-3　生成实体加工边界线

（3）选择按钮 ，弹出"等高线粗加工（创建）"对话框，"加工参数"选项卡设置内容，如图 5-6-4 所示。

【参数】

- 加工方式：设定刀具在切削过程中的加工方式，有"往复"和"单向"两种方式。
- 加工方向：定义了刀具加工过程中使用"顺铣"或"逆铣"的加工方向。
- 优先策略：包括"层优先"和"区域优先"两种策略，"层优先"是根据加工深度，在整个加工区域一层一层下刀加工；"区域优先"是把整个的加工区域，分成若干个部分，一个区域一个区域地顺次加工。
- 走刀方式：设定刀具在切削过程中的走刀方式，有"环切"和"行切"两种方式。
- 行距和残留高度：①最大行距：X 向或 Y 向相邻两条刀具轨迹的最大距离。②期望行距：相邻两条刀具轨迹最合适的距离（保证加工质量）。③残留高度：由球刀铣削时，输入铣削通过时的残余量，当指定残留高度时，会提示 XY 切削量。④刀具直径（%）：相邻

图 5-6-4 "等高线粗加工（创建）"对话框——
"加工参数"选项卡

刀路，刀具直径重合百分数。⑤顺铣（％）行距和逆铣（％）行距：顺铣或逆铣时，相邻刀路，刀具直径重合百分数。⑥层高：Z向每次加工的切削深度。⑦拔模角度：加工轨迹会根据模型拔模角度，出现相应拔模角度。⑧插入层数：两层之间插入轨迹。层高设置：设置插入轨迹的层高和层数。⑨最小宽度：识别加工区域宽度，小于最小宽度值，不加工。⑩最大宽度：识别加工区域宽度，大于最大宽度值，不加工。

• 余量和精度：①加工余量：加工后留出的余量，为后续精加工工序做准备。②加工精度：零件加工后的实际几何参数（尺寸、形状和位置）与理想几何参数相符合的程度。③闭合偏置：刀具轨迹闭合。④切削轨迹自适应：自动内部计算切削宽度。⑤自适应连接高：自动内部计算Z向轨迹连接值。

（4）"区域参数"选项卡中"加工边界"勾选"使用"，单击"拾取加工边界"按钮，拾取加工边界1，选择顺时针方向；拾取加工边界2，选择顺时针方向；拾取加工边界3，选择顺时针方向，如图 5-6-5 所示；然后选择"刀具中心位于加工边界"，勾选"外侧"；"偏移量"填"0"，设置如图 5-6-6 所示。

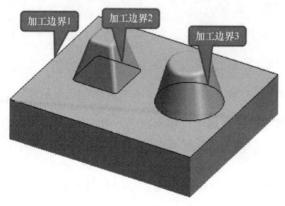

图 5-6-5 拾取加工边界

"区域参数"选项卡中的"工件边界"用来自定义工件的边界，在这里不需要自定义，如图 5-6-7 所示。

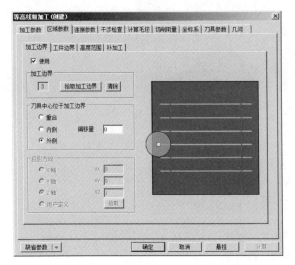

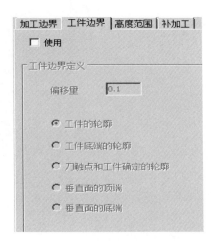

图 5-6-6 "等高线粗加工（创建）"对话框— 图 5-6-7 工件边界参数
"区域参数"选项卡

"区域参数"选项卡中的"高度范围"选择"用户设定"，分别拾取工件凸台的上表面（上表面点拾取时，先用 相关线在上表面生成实体边界后，再拾取上表面上的点）和凸台底面所在平面轮廓线上的点，拾取后，"高度范围"选项卡内容如图 5-6-8 所示。

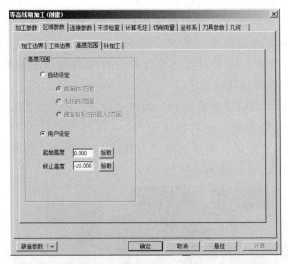

图 5-6-8 "等高线粗加工（创建）"对话框—"区域参数"选项卡

"区域参数"选项卡中的"补加工"用来对前一次的加工进行补加工，需要输入前一次加工"粗加工刀具直径""粗加工刀具圆角半径""粗加工余量"；本次加工不使用，如图 5-6-9所示。

（5）"连接参数"选项卡中的"连接方式""下/抬刀方式""空切区域""距离""光滑"参数选项卡，设置方式如下。

"连接方式"选项卡，如图 5-6-10 所示。

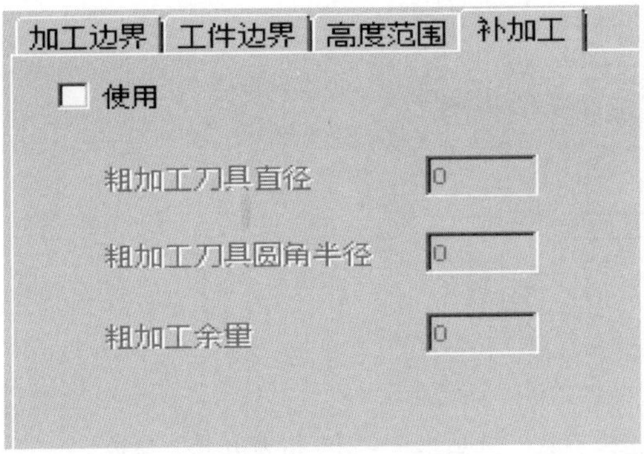

| 加工边界 | 工件边界 | 高度范围 | 补加工 |

☐ 使用

粗加工刀具直径　　　　　[0]

粗加工刀具圆角半径　　　　[0]

粗加工余量　　　　　　　[0]

图 5-6-9　补加工参数

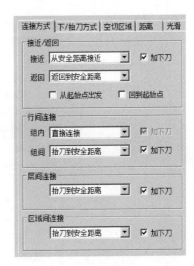

图 5-6-10　"等高线粗加工（创建）"
对话框—"连接参数"选项卡中
"连接方式"参数

【参数】

• 接近/返回：

接近：选"从安全距离接近"，从工件与刀具的安全距离，刀具开始向工件移动。

返回：选"返回到安全距离"，工件加工完以后，刀具移动到工件与刀具的安全距离。

从起始点出发：刀具从全局起始点出发。

回到起始点：刀具加工完回到全局起始点。

加下刀：刀具接近工件后，以设置的下刀方式接触工件。

• 行间连接：

组内：选"直接连接"同一加工区域内，刀具路径直接连接。

组间：选"抬刀到安全距离"，同一工件，不同加工区域，刀具路径的连接通过抬刀到安全距离后实现，防止发生刀具碰撞工件的干涉现象。

• 层间连接：选"抬刀到安全距离"防止发生干涉。

• 区域间连接：选"抬刀到安全距离"防止发生干涉。

"下/抬刀方式"选项卡，如图 5-6-11 所示。

【参数】

• 中心可切削刀具：刀具中心可以参与切削。

自动：系统内部计算自动方式下刀。

直线：刀具按直线路径下刀。

螺旋：刀具按螺旋线路径下刀。

往复：刀具按往复折线路径下刀。

轮廓：刀具沿轮廓路径下刀。

倾斜角（与 XY 平面）：刀具切入工件表面时的路径与 XY 平面的夹角。

斜面长度（刀具直径%）：下刀斜面长度为刀具直径的百分比值。

毛坯余量（层高%）：下刀时，切入工件深度占层高的百分比。

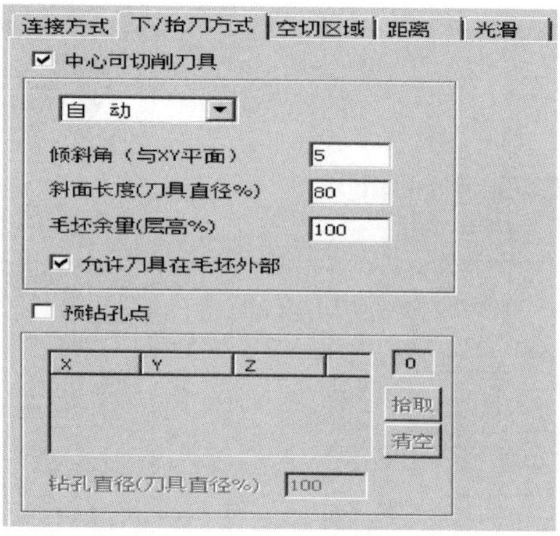

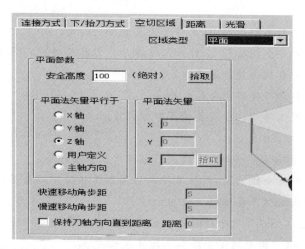

图 5-6-11 "等高线粗加工（创建）"对话框—"连接参数"选项卡中"下/抬刀方式"参数

允许刀具在毛坯外部：刀具在加工时，可以移动到毛坯外部。

• 预钻孔点：保留钻孔点，通过图形拾取方式获得。

钻孔直径（刀具直径%）：钻孔直径与切削刀具直径的百分比值。

"空切区域"选项卡，如图 5-6-12 所示。

图 5-6-12 "等高线粗加工（创建）"对话框—"连接参数"选项卡中"空切区域"参数

【参数】

• 平面参数：

安全高度：刀具与工件的安全高度，绝对值，可以直接输入，也可以拾取。

• 平面法矢量平行于：

X 轴：平面法矢量平行于 X 轴。

Y 轴：平面法矢量平行于 Y 轴。

Z 轴：平面法矢量平行于 Z 轴。

用户定义：用户自定义平面法矢量平行参数，可以输入也可以拾取。

主轴方向：平面法矢量平行于主轴。

• 快速移动角步距：刀具快速移动时的角步距。

- 慢速移动角步距：刀具慢速移动时的角步距。
- 保持刀轴方向直到距离：为防止干涉，刀具沿某方向移动的距离。

"距离"选项卡，如图 5-6-13 所示。

【参数】

- 距离：

快速移动距离：刀具快速移动到距离工件最近的距离。

切入慢速移动距离：刀具快速移动结束，开始进给切削速度时，刀具与工件的距离。

切出慢速移动距离：刀具加工结束，离开工件时，以慢速进给方式离开工件的距离。

空走刀安全距离：刀具靠近工件空走刀的安全距离。

"光滑"选项卡，如图 5-6-14 所示。

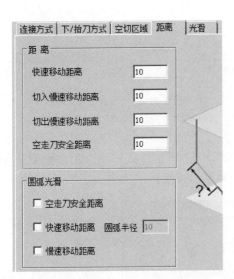
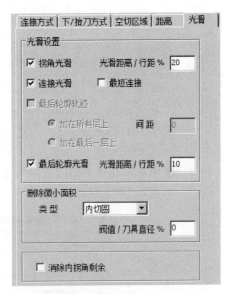

图 5-6-13　"等高线粗加工（创建）"对话框—"连接参数"选项卡中"距离"参数

图 5-6-14　"等高线粗加工（创建）"对话框—"连接参数"选项卡中"光滑"参数

【参数】

- 光滑设置：

拐角光滑：刀具路径拐角光滑连接。

连接光滑：刀具路径之间光滑连接。

光滑距离/行距％：光滑加工时刀具路径的行距与刀具直径的百分比。

最短连接：刀具路径最短连接。

最后轮廓轨迹：

加在所有层上：最后轨迹特点加在每层加工轨迹上。

加在最后一层上：最后轨迹特点加在最后一层加工轨迹上。

最后轮廓光滑：最后一刀轮廓轨迹保证光滑。

（6）"干涉检查"选项卡中的"检查（1）""检查（2）""检查（3）""检查（4）""刀具余量""高级""剩余干涉"参数选项卡，对于加工形状、型腔复杂的零件需要详细设置，本次加工不进行设置，使用默认值，如图 5-6-15 所示。

（7）"计算毛坯"选项卡中的"定义计算毛坯""使用全局毛坯"选项都选中，直接使用之前定义好的毛坯，如不选中，需重新定义毛坯，本次加工不进行设置，使用默认值，如图 5-6-16 所示。

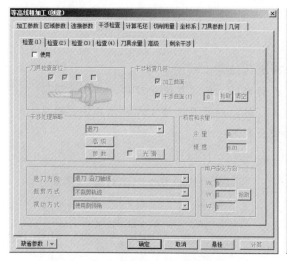

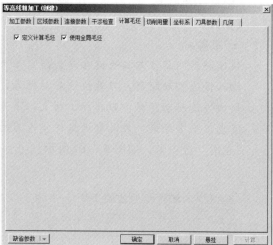

图 5-6-15 "等高线粗加工（创建）"对话
框—"干涉检查"选项卡

图 5-6-16 "等高线粗加工
（创建）"对话框—"计算毛坯"选项卡

（8）"切削用量"选项卡的内容填写方法，如图 5-6-17 所示。此选项卡用来设置主轴转速、慢速下刀速度、切入切出连接速度、切削速度和退刀速度。

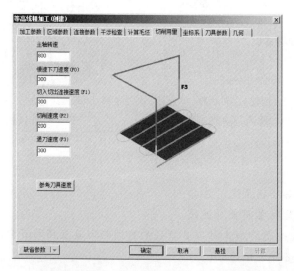

图 5-6-17 "等高线粗加工（创建）"对话框—"切削用量"选项卡

（9）"坐标系"选项卡的内容填写方法，如图 5-6-18 所示。

此选项卡可以设定加工坐标系，如果在建模时，使用的建模坐标系与机床坐标系重合，即机床坐标系的 Z 轴零点是建模绝对坐标系的 Z 轴零点，机床工作台平面 XOY 是建模绝对坐标系的 XOY 平面，就可以直接指定软件建模坐标系为加工坐标系（.sys.），否则要重新创建加工坐标系（MCS）。

（10）对"刀具参数"选项卡进行设置，给出铣刀的尺寸等相关数值，如图 5-6-19 所示。

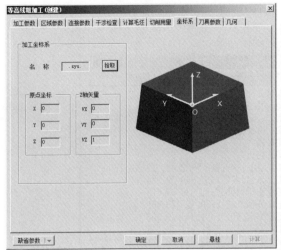

图 5-6-18 "等高线粗加工（创建）"
对话框—"坐标系"选项卡

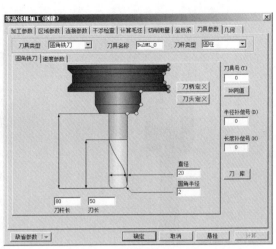

图 5-6-19 "等高线粗加工（创建）"
对话框—"刀具参数"选项卡

（11）对"几何"选项卡进行设置，单击"加工曲面"按钮后，鼠标在实体模型上单击，选中整个实体模型，如图 5-6-20 所示。

单击鼠标右键，在"几何"参数选项卡单击"确定"，生成加工刀具轨迹，如图 5-6-21 所示。

（12）选中"等高线粗加工"刀具轨迹，进行实体仿真，并生成 G 代码（方法参见平面轮廓粗加工相关知识），如图 5-6-22 所示。

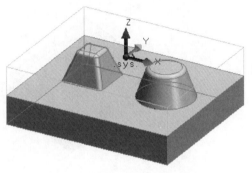

图 5-6-20 选中整个实体模型

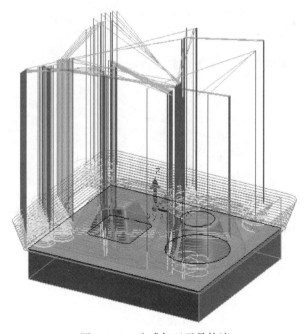

图 5-6-21 生成加工刀具轨迹

图 5-6-22　仿真加工及生成 G 代码

◆ **任务训练**

利用本任务所学，完成图 5-6-23 所示零件自动编程与仿真加工。

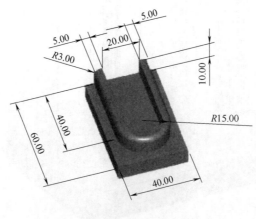

图 5-6-23

任务七　等高线粗加工及曲面区域精加工

◆ 任务引入

加工图 5-7-1 所示零件，模拟加工后查看并保存 G 代码（毛坯尺寸 100×100×50）。

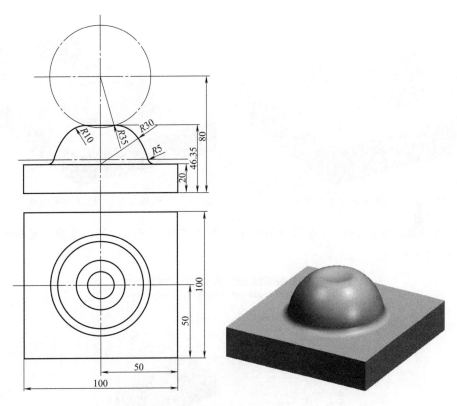

图 5-7-1　零件尺寸和加工后示意图

◆ 任务指导

一、分析与说明

（1）该零件主要加工的部位是一个半球，半球顶端有一个 $R35$ 的凹圆面，并且该圆面与半球通过 $R10$ 的圆角过渡，半球与下端平面通过 $R5$ 的圆角过渡，此类零件主要加工部位是曲面，先用直径为 $\phi20R2$ 的圆角立铣刀，选用"等高线粗加工"进行加工，去除大量余量；再用 $\phi10$ 的球头铣刀，选用"曲面区域精加工"进行加工。

（2）为保证零件加工原点与设计原点重合，方便后续对刀加工，在创建实体模型时，将工件设计坐标原点放置在模型的顶面中心上。

（3）采用实体模型生成毛坯方法进行刀具轨迹生成加工。

二、关键步骤精讲

（1）首先使用前面学过的知识，用实体造型方法创建实体模型并创建毛坯，如图 5-7-2 所示。

（2）选择"将毛坯隐藏"，选择" 相关线-实体边界"按钮，选择上表面半球与平面边界轮廓线作为加工的边界，如图 5-7-3 所示。

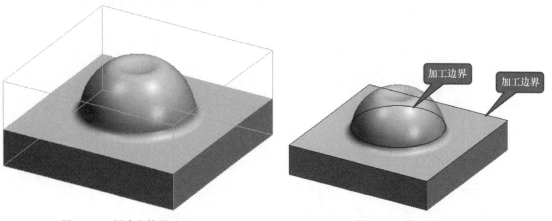

图 5-7-2 创建实体模型及毛坯　　　　　图 5-7-3 拾取加工边界

（3）选择按钮 ，弹出"等高线粗加工（创建）"对话框，"加工参数"选项卡设置内容，如图 5-7-4 所示。

图 5-7-4 "等高线粗加工（创建）"对话框—"加工参数"选项卡

（4）"区域参数"选项卡中"加工边界"勾选"使用"，单击"拾取加工边界"按钮，拾取加工边界 1，选择顺时针方向；拾取加工边界 2，选择顺时针方向，如图 5-7-5 所示。然后选择"刀具中心位于加工边界"，勾选"外侧"；"偏移量"填"0"，设置如图 5-7-6 所示。

"区域参数"选项卡中的"工件边界""补加工"均为默认设置；"高度范围"中选择"用户设定"，分别拾取模型设计原点和半球底面所在轮廓线上的点，拾取后，"高度范围"选项卡内容如图 5-7-7 所示。

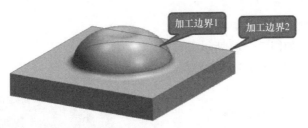

图 5-7-5　拾取加工边界

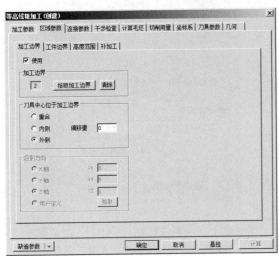

图 5-7-6　"等高线粗加工（创建）"对
话框—"区域参数"选项卡

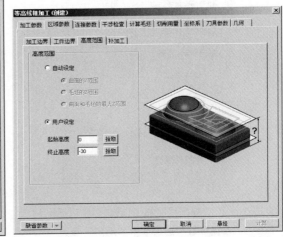

图 5-7-7　"等高线粗加工（创建）"对话框—"加工参数"选
项卡中的"高度范围"参数

（5）"连接参数"选项卡中的"连接方式""下/抬刀方式""空切区域""距离""光滑"
参数选项卡，设置方式如下。

"连接方式"选项卡，如图 5-7-8 所示。

"下/抬刀方式"选项卡，如图 5-7-9 所示。

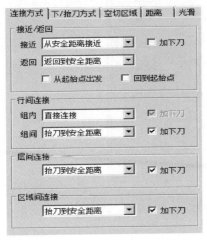

图 5-7-8　"等高线粗加工（创建）"
对话框—"连接参数"选项
卡中"连接方式"参数

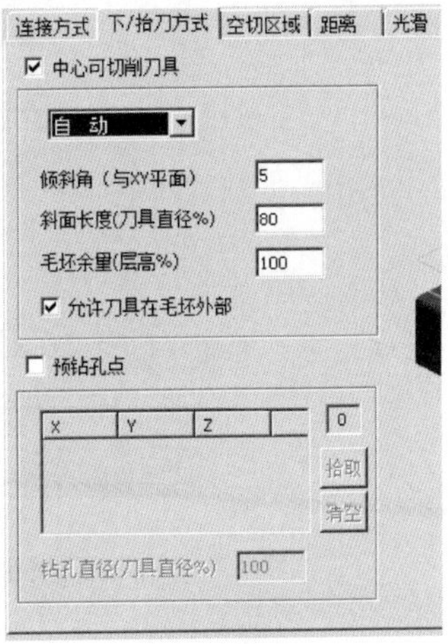

图 5-7-9　"等高线粗加工（创建）"
对话框—"连接参数"选项卡中
"下/抬刀方式"参数

"空切区域"选项卡值默认，不设置。

"距离"选项卡，如图 5-7-10 所示。

"光滑"选项卡，如图 5-7-11 所示。

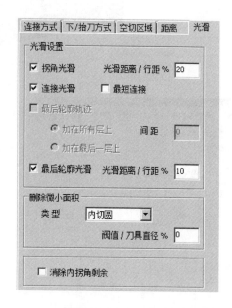

图 5-7-10 "等高线粗加工（创建）"对话框——   图 5-7-11 "等高线粗加工（创建）"对话框——
　　　　"连接参数"选项卡中"距离"参数　　　　　　　　"连接参数"选项卡中"光滑"参数

（6）"干涉检查""计算毛坯""切削用量""坐标系"选项卡内容均为默认设置。

（7）"刀具参数"选项卡进行设置，给出铣刀的尺寸等相关数值，如图 5-7-12 所示。

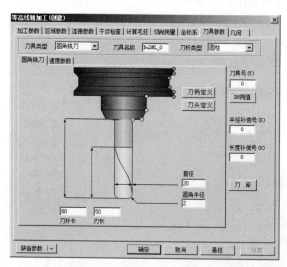

图 5-7-12 "等高线粗加工（创建）"对话框——"刀具参数"选项卡

（8）在"几何"选项卡中单击"加工曲面"按钮，用鼠标单击模型半球，将整个模型曲面选中，单击"确定"，生成"等高线粗加工"刀具轨迹，如图 5-7-13 所示。

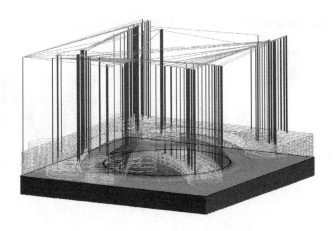

图 5-7-13　等高线粗加工刀具轨迹

（9）将上一步生成的"等高线粗加工"刀具轨迹隐藏，单击按钮，弹出"曲面区域精加工（创建）"对话框，填写加工参数，如图 5-7-14 所示。

（10）"接近返回"选项卡，参数填写如图 5-7-15 所示。

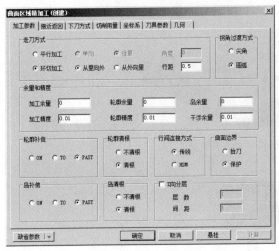

图 5-7-14　"曲面区域精加工（创建）"
对话框—"加工参数"选项卡

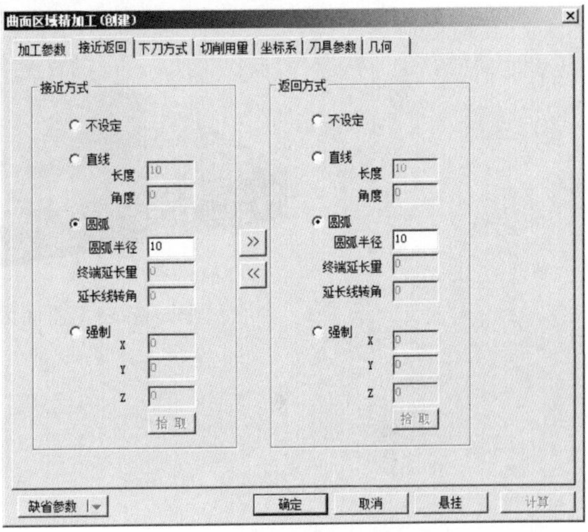

图 5-7-15　"曲面区域精加工（创建）"
对话框—"接近返回"选项卡

（11）"下刀方式"选项卡，参数填写如图 5-7-16 所示。

（12）"切削用量""坐标系"选项卡内容均为默认设置。

（13）"刀具参数"选项卡进行设置，给出铣刀的尺寸等相关数值，如图 5-7-17 所示。

（14）"几何"选项卡中，单击"加工曲面"按钮，选择半球，再单击"轮廓曲线"按钮，选择加工边界 2（见图 5-7-5），单击"确认"按钮，生成"曲面区域精加工"刀具轨迹，如图 5-7-18 所示。

（15）在"轨迹管理"窗口中，将"等高线粗加工"轨迹显示出来，同时选择"等高线粗加工"和"曲面区域精加工"轨迹，右击鼠标→"实体仿真"进行仿真加工，如图 5-7-19 所示。

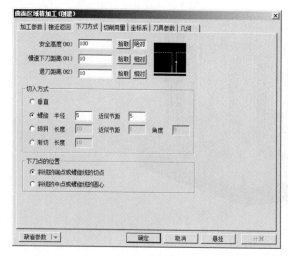

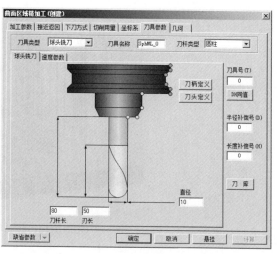

图 5-7-16 "曲面区域精加工（创建）"
对话框—"下刀方式"选项卡

图 5-7-17 "曲面区域精加工（创建）"
对话框—"刀具参数"选项卡

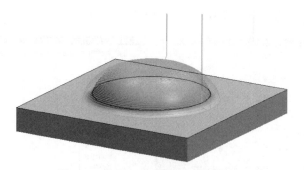

图 5-7-18 曲面区域精加工刀具轨迹

图 5-7-19 曲面区域精加工实体仿真

在"轨迹管理"窗口中，同时选择"等高线粗加工"和"曲面区域精加工"轨迹，右击鼠标→"后置处理"→"生成 G 代码"，如图 5-7-20 所示。

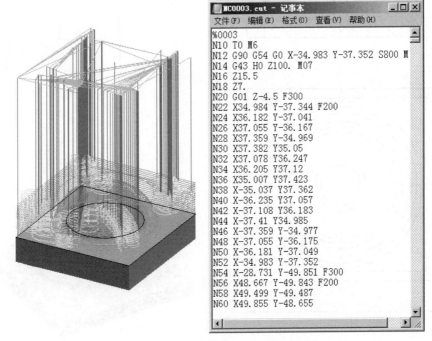

图 5-7-20　生成刀具轨迹及文本格式 G 代码

◆ **任务训练**

利用前面所学完成图 5-7-21、图 5-7-22 所示模型加工。

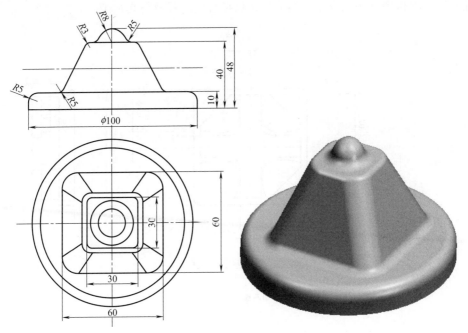

图 5-7-21

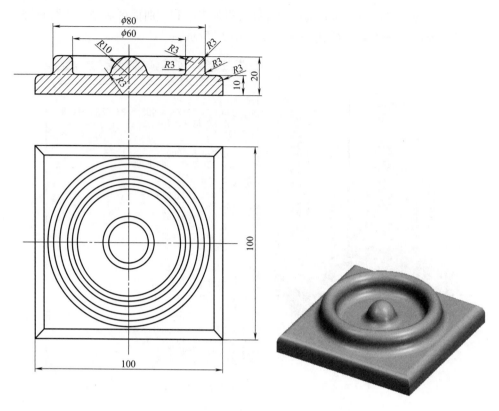

图 5-7-22

项 目 实 战

独立完成项目图（一）、（二）的造型、数控自动编程及仿真加工。

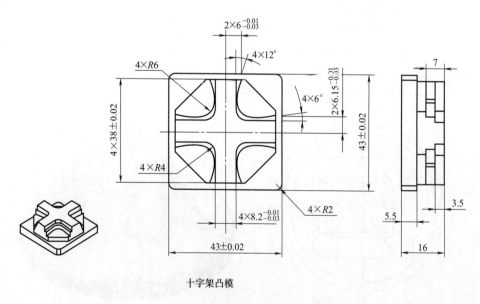

十字架凸模

项目图（一）

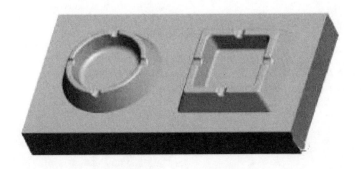

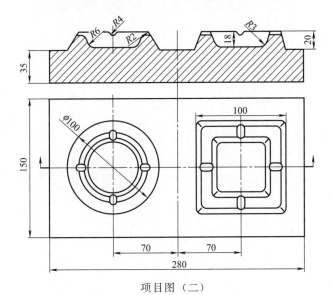

项目图（二）

参 考 文 献

[1] 姬彦巧. CAXA 制造工程师 2015 与数控车. 北京：化学工业出版社，2018.
[2] 刘玉春. CAXA 制造工程师 2013 项目案例教程. 北京：化学工业出版社，2014.